Ulrich Walter

Eine andere Sicht auf die Welt

Astronaut Ulrich Walter erklärt das Leben

KOMPLETTMEDIA

Originalausgabe
1. Auflage 2018
Verlag Komplett-Media GmbH
2018, München/Grünwald
www.komplett-media.de
ISBN: 978-3-8312-0475-5
Auch als E-Book erhältlich

Lektorat: Redaktionsbüro Diana Napolitano, Augsburg
Korrektorat: Korrektorat & Lektorat Judith Bingel M.A.
Umschlaggestaltung: X-Design, München
Satz: Daniel Förster, Belgern
Druck & Bindung: COULEURS Print & More, Köln
Printed in the EU

INHALT

VORWORT
DIE WELT ANDERS SEHEN

Was waren die drei beeindruckendsten Erlebnisse Ihrer Mission?« Dies ist wohl die meistgestellte Frage zu meiner Mission. Da brauche ich nicht lange überlegen: Der Start, der Blick auf die Erde und das Gefühl der Schwerelosigkeit. In dieser Reihenfolge. Kein Zweifel, der Start, bei dem 2200 Tonnen Schub innerhalb von nur 8½ Minuten das Shuttle in den Weltraum wuchten, mit körperlichen Belastungen, bei denen viele Astronauten einfach vergessen zu atmen, lässt einen bis ins Knochenmark spüren, welchen Mächten man hier hilflos ausgesetzt ist.

Die Erfahrung beim Start eines Raumfahrzeugs und die Schwerelosigkeit sind ganz besondere Gefühlserfahrungen, die so ganz anders sind als alles, was man auf der Erde erlebt. Wenn Sie dazu mehr wissen wollen, dann lesen Sie den ersten Artikel meines Buchs *Höllenritt durch Raum und Zeit*.

DER BLICK AUF DIE ERDE

Kaum ist man nach dem 8½ Minuten dauernden Flug im All und hat wenige freie Minuten zur Verfügung, beeilt sich jeder Astronaut, wenigstens einen kurzen Blick durch das nächstbeste Fenster zu erhaschen. Ich kann mich noch gut an meinen ersten Erdanblick erinnern. Ich schaute schräg auf das schier endlose Blau des Pazifiks, über den sich filigrane Wolken wie geklöppelte Spitzendeckchen gelegt hatten. Gleichzeitig schien sich das Ganze wie eine riesige Rolle unter mir hindurchzuwälzen, obwohl es natürlich genau andersherum war: Wir rasten mit dem Shuttle mit 28.000 Kilometern pro Stunde über die Erdoberfläche hinweg.

Keine Frage, dieser Blick auf die Erde ist einfach faszinierend. Ich habe mich immer gefragt, was und vor allem warum dieser Anblick einen so gefangen nimmt. Eigentlich ist er bei einer Raumfahrtmission die reinste Nebensache. Denn eigentlich ist es als Wissenschaftler an Bord meine Aufgabe, faszinierende Experimente in der Schwerelosigkeit durchzuführen. Diese führen zu einem Wissensgewinn für die Wissenschaft, der schließlich der ganzen Menschheit zugutekommt, und das ist es, was die Menschheit von der Raumfahrt hat.

So dachte ich jedenfalls, bis ich von meiner Mission zurückkam. Aber danach fragte mich kaum jemand nach den wissenschaftlichen Ergebnissen meiner Mission. Die Fragen drehten sich vielmehr und stets um die menschlichen Aspekte der Raumfahrt: Was für ein Gefühl ist das in der Schwerelosigkeit? Wie isst man im All? Wie schläft man? Und natürlich: Wie ist der Anblick der Erde? Das passte nicht zusammen. Es wurde viel Geld für Spitzenwissenschaft ausgegeben, aber letztendlich interessierten sich die Menschen nur für den Blick auf die Erde und ob man sich dadurch verändert hat.

Mit dieser Zerrissenheit im Kopf las ich irgendwann einmal die Worte des Astronauten Alfred Worden, der im Juli 1971 auf dem Mond stand, seine wissenschaftlichen Arbeiten am Mondgestein durchführte, dabei aber ab und zu aufsah, um die Erde zu betrachten, und die bemerkenswerten Worte sprach:

»Jetzt weiß ich, warum ich hier bin.
Nicht um den Mond genauer zu betrachten,
sondern um zurückzuschauen,
auf unser Zuhause,
die Erde!«

Das ist es! Natürlich trägt die Raumfahrtwissenschaft mit neuem Wissen und Erkenntnissen zum Fortschritt der Menschheit bei. Ich bin aber inzwischen davon überzeugt, der viel größere Nutzen liegt ganz woanders, dort, wo ihn die Menschen zwar intuitiv wahrnehmen, ihn sich aber bisher nie bewusst gemacht haben: Der Blick auf die Erde verändert das Denken. Der Mensch erfährt durch ihn ein ganz anderes und neues Verständnis über seinen Heimatplaneten und damit auch über sich selbst. Er erkennt dabei sein Leben aus einer ganz anderen Distanz und einem anderen Blickwinkel heraus, und genau das führt zu einem tieferen Verständnis der Natur und damit auch seiner selbst.

SICH SELBST ANDERS VERSTEHEN

Tatsächlich wird Raumfahrt so zu einer zweiten kopernikanischen Revolution. Seit Kopernikus wissen wir zwar, dass der Mensch nicht das Zentrum des Universums ist. Doch dank Raumfahrt kann er heute auf sich herabsehen und diese entrückte Position mit eigenen Augen wahrnehmen. In diesem Sinne waren der wirkliche Erfolg der Apollo-Missionen nicht die vielen wissenschaftlichen Erkenntnisse über die Zusammensetzung des Mondes und seinen Ursprung, sondern die wenigen, aber immer wieder gezeigten Bilder der Erde aus der Ferne des Mondes, auf denen sie wie eine Christbaumkugel aussah. Sie machten uns eindringlich klar: Unser Heimatplanet ist zwar eine wunderschöne, aber einsame Perle des Lebens in den Weiten des Kosmos. Über die historische Dimension dieser Bilder sagte einst der dänische Wissenschaftsjournalist Tor Nørretranders:

»Auf diesen aufrüttelnden Anblick des Planeten von außen folgte ein Bewusstwerdungsprozess, der sich in seiner Intensität durchaus mit jenem messen lässt, der einsetzte, als die Menschen sich selbst im Spiegel zu betrachten begannen.«

Der Blick aus dem All auf die Erde ist also ein Blick auf uns. Er erzählt von den Zusammenhängen unseres Daseins auf der Erde und über unseren Stellenwert im Universum. Genau das macht einen Großteil der Faszination der Raumfahrt aus, und genau deshalb wird der kommende Weltraumtourismus unser Denken über uns und die Erde mehr verändern als alle großen literarischen Werke der Weltgeschichte zusammengenommen. Er wird uns alle so verändern wie einst den saudi-arabischen Sultan bin Salman Al Saud, der als Gast an Bord des Shuttles (tatsächlich als erster Weltraumtourist) im Juni 1985 die berühmten Worte sprach:

»Am ersten Tag deutete jeder von uns auf sein Land.
Am dritten oder vierten Tag zeigte jeder auf seinen Kontinent.
Ab dem fünften Tag gab es für uns nur noch eine Erde.«

Genau diesen Wandel der Perspektive erfährt jeder beim Anblick der Erde aus dem Erdorbit.

ABSTAND GEWINNEN

Diese Änderung der Perspektive hat wohl jeder bereits in einer etwas anderen Form hier auf der Erde erfahren. Man wächst irgendwo auf dem Land, in einem Dorf oder Kleinstadt auf, so auch ich. Eine wunderbare Kindheit: Felder, Wiesen, Bauernhöfe und Wälder zum Herumstöbern und zu Hause der vertraute, immer gleiche Ablauf des Tages. Das ist die wohlbehaltene Welt, von der man als Kind meint, so müsse es wohl überall auf der Welt sein.

Aber irgendwann zieht man zu einer Berufsausbildung oder einem Studium in eine Großstadt. Hier brodelt das Leben, insbesondere das Nachtleben. Genau das Richtige für Jugendliche. Diese Welt verändert, man interessiert sich für andere Themen und andere Kulturen und lernt ganz andere Menschen kennen, andere Meinungen und Ansichtsweisen. Jeden Tag.

Aber nach Jahren des Austobens kommt man irgendwann wieder zurück nach Hause, das eigentliche Zuhause. Und alles sieht scheinbar so anders aus, als es in der Erinnerung war. Die Straßen sind enger, der Weg von der elterlichen Wohnung in die Schule war gar nicht so weit wie gedacht. Alles wirkt wie in einer Puppenstube, aber alles ist »da«, als sei es erst gestern gewesen.

Was ist geschehen? Man hat Abstand gewonnen. Abstand gewinnen ändert Ansichten. Man sieht die Welt anders, weil man nun die größeren Zusammenhänge erkennt und weiß, dass die Welt woanders ganz anders ist.

Diese Veränderung verstärkt sich sogar noch, wenn man für mehrere Jahre in anderen Ländern mit anderer Kultur gelebt hat. Wer einmal viele Jahre in den USA gewohnt hat, der entwickelt ein leichtes Verständnis dafür, dass diese Menschen auf ihr Recht, Waffen zu besitzen und nicht zwangsweise einer Krankenversicherung anzugehören, bestehen. Für uns Deutsche unvorstellbar.

DER OVERVIEW-EFFEKT

Um wie viel mehr muss sich die Sichtweise verändern, wenn der Abstand noch größer wird? Wenn man aus mehreren Hundert Kilometern Abstand fast ganze Kontinente überblickt? Wenn man sieht, dass es keine Grenzen zwischen Ländern gibt, sondern nur in unseren Köpfen? Wenn man erkennt, dass dieses Denken in dörflichen, ländlichen und nationalen Grenzen im Erdkundeunterricht geprägt wurde, wo solche Grenzen im Diercke-Atlas eingezeichnet waren und man fortan glaubte, diese Grenzen seien real? Nein, diese Grenzen gibt es nicht! Man schaut wie Sultan bin Salman Al Saud aus der Umlaufbahn oder Alfred Worden vom Mond auf die Erde und sieht nur Kontinente und viel, viel Wasser – unsere gigantischen Ozeane. Erst dieser Blick macht klar, dass Dinge, die wir miteinander teilen, wertvoller sind als jene, die uns trennen. Wir leben alle auf einem Boot, auf unserem Heimatplaneten Erde, das führerlos durch die Weiten des Weltraums treibt. Es gibt nichts, was uns bei dem Überleben auf diesem Boot hilft. Wir müssen uns selbst helfen, weil wir alle aufeinander angewiesen sind – und wenn das Boot kentert, ist es aus. Keiner und nichts wird uns vermissen. Es würde so sein wie in den 23 Stunden, 59 Minuten und 50 Sekunden auf der Erdgeschichtsuhr davor: einfach keine Menschen mehr. Damit kam unsere Erde gut zurecht, und so würde es in Zukunft auch ohne uns sein.

Solches Nachdenken und die damit einhergehenden Änderungen des Denkens vollziehen sich aber meist erst, wenn man von der Missionsreise wieder zurück ist. Wenn ich gefragt werde: »Was hat Sie bei Ihrer Mission am meisten verändert?«, dann ist es dieser Perspektivwechsel. Dafür gibt es im Englischen einen schönen Ausdruck: Overview-Effekt. Der Übersichts-Effekt.

Mit der Änderung der Ansicht über unsere Erde kommt irgendwann auch die Frage: Mit dem Wissen, dass sich Ansichten mit zunehmendem Abstand verändern können, sollte man nicht auch versuchen, allein durch klares Denken Abstand zu gewinnen, um somit alltägliche Dinge des Lebens anders zu sehen? Selbst wenn es ungemütlich oder gar lästig ist? So jedenfalls ging es mir. Seitdem nehme ich manchmal zu meinem Denken bewusst gegensätzliche Standpunkte ein, anfangs, weil es Spaß machte, später, weil man merkte, so ganz andere Standpunkte aus einer ganz anderen Perspektive können manchmal auch ihren Reiz haben, selbst wenn man sich nicht ganz damit identifizieren kann. Aber dann versteht man wenigstens, dass dieses Denken kulturell geprägt und tief in uns verankert ist.

Dieses Buch ist ein Sammelsurium von solchem Andersdenken. Bewusst anders denken. Sich nicht durch eingetretene Vorurteile leiten lassen, sondern versuchen, objektiv zu denken. Dabei hilft Wissenschaft. Sie ist mein treuer Begleiter, seitdem ich Naturwissenschaft studiert habe. Sie schafft manchmal Abstand vom Herumkrebsen in eingefahrenen Überzeugungen. Ein guter Freund und Kollege nannte Wissenschaft die »Leitplanken für unser Denken«. Aber keine Sorge, es geht in diesem Buch nicht um Naturwissenschaft, sondern um die Frage, warum die Welt so ist, wie sie ist, und ob wir mit objektivem Wissen und Denken vielleicht Abstand gewinnen und so manchmal einen klareren Überblick und somit eine andere Perspektive auf unsere Welt gewinnen können.

Seien Sie also bereit, Abstand zu gewinnen und vielleicht Ihre Perspektive zu wechseln.

BETEN HILFT NICHT!

1

Haben Sie schon einmal gebetet? Ich meine, als jemand in Not war und Sie keinen anderen Ausweg mehr wussten. Wer hätte das nicht schon einmal getan und gehofft, es würde helfen! Hat es geholfen?

Wahrscheinlich erinnern Sie sich nicht mehr daran. Ist auch egal, denn das Beten hat zumindest Ihnen geholfen, die kritische Situation psychisch zu bewältigen. Das ist ein wichtiger Grund, warum wir beten, weil es UNS hilft. Aber hilft es auch den anderen, für die wir beten?

Es gibt leider kaum Situationen, wo wir wissenschaftlich nachweisen können, ob Gott Einfluss auf unsere Welt ausübt. Aber Beten ist eine solche. Denn wenn Gott allgut, allwissend und allmächtig ist, dann sollte er uns helfen, wenn wir ihn darum inständig bitten. So sagen es jedenfalls die christlichen Kirchen und fordern uns deshalb immer wieder zum Gebet auf. Ob Beten tatsächlich hilft, lässt sich wissenschaftlich nachweisen. Selbst wenn es nicht in jedem einzelnen Fall funktionieren sollte (weil gewisse Übel Strafe Gottes seien, so die Kirchen), so sollte sich Beten doch wenigstens insgesamt irgendwie positiv auswirken. Genau das haben mehrere Mediziner in zwei groß angelegten Blindtest-Studien untersucht und in den angesehenen Fachzeitschriften *The Lancet*, doi:10.1016/S0140-6736(05)67718-5 (Mantra-II-Studie), im Jahr 2005 und *American Heart Journal*, doi:10.1016/j.ahj.2005.05.028 (STEP-Studie), im Jahr 2006 veröffentlicht. Sie unterteilten Patienten, die eine Herzkranz-Bypass-Operation erhielten, in drei Gruppen zu jeweils etwa 600 Personen. Außerdem gab es drei Gruppen kirchlich-christlicher Gruppen, die die Namen der Patienten der ersten beiden Gruppen erfuhren und für die sie beten sollten, dass sie ohne Komplikationen gesunden sollten. Die Patienten der ersten Gruppe wurden informiert, dass für sie gebetet würde; die zweite Gruppe wurden, für die gebetet wurde, wurde informiert, dass für sie vielleicht gebetet würde; und die dritte Gruppe, für die nicht gebetet wurde, wurde darüber informiert, dass für sie vielleicht gebetet würde.

War die Komplikationsrate jener Patienten, für die gebetet wurde, geringer als bei denen, für die nicht gebetet wurde? Das Ergebnis: Die Komplikationsrate der letzten beiden Gruppen, die nicht wussten, ob für sie tatsächlich gebetet wurde (wovon für eine tatsächlich gebetet wurde und für die andere nicht), war mit 51 % und 52 % statistisch gesehen gleich. Lediglich die Patienten der ersten Gruppe, für die gebetet wurde und die davon wussten, hatten mit 59 % eine signifikant höhere Komplikationsrate! Der Grund für dieses letztere unerwartete Ergebnis war wahrscheinlich, so die Mediziner, der geringere Lebensmut und damit die körperliche Widerstandskraft, die sich einstellt, wenn man erfährt, dass es wohl sehr schlecht um einen stehen muss, wenn andere für einen beten. Ansonsten ist das Ergebnis eindeutig: Das Beten der drei kirchlich-christlichen Gruppen hatte keinen positiven Einfluss auf die Gesundung der Herzpatienten. Beten hat einfach nicht geholfen.

Allein daraus den Schluss zu ziehen, es gäbe keinen Gott, ist heikel und mit Recht umstritten. Auf jeden Fall lässt sich Folgendes sagen: Wenn es keinen Gott gibt, dann lässt sich das Ergebnis zwanglos erklären. Wenn es einen Gott gibt, dann lässt er sich durch Beten offensichtlich nicht dazu überreden, das Gute in unserer Welt zu fördern und dem Bösen Einhalt zu gebieten. Angesichts der Eigenschaften Gottes, allgut, allwissend und allmächtig zu sein, einerseits, und andererseits der unsäglichen Gräuel auf dieser Welt, für die gebetet wird und von dem wir nun wissen, dass es nichts nützt, sind starke Zweifel an seiner Existenz sicherlich angebracht. Und ich habe Verständnis für so manchen schicksalsgebeutelten Menschen, den ich getroffen habe, der sich fragt, ob er so einen Gott in seinem Leben wirklich noch braucht.

OCKHAMS RASIERMESSER

2

Was ist in unserer Welt wahr, was ist falsch? Im Dickicht unzähliger Meinungen im Internet hilft oft nur eines, Ockhams Rasiermesser.

Warum ist es zur neueren Weltwirtschaftskrise gekommen? 1000 Experten, 1000 Meinungen. Welche ist die richtige? Was soll man glauben, wenn sich selbst die Experten uneins sind? Eine gute Antwort auf diese uralte Frage stammt von dem Philosophen und Mathematiker René Descartes (1596–1650): *»Als ich überlegte, wie viel verschiedene Ansichten über die gleiche Sache es geben kann, deren jede einzelne ihren Verteidiger unter den Gelehrten findet, und wie doch nur eine einzige davon wahr sein kann, da stand für mich fest: Alles, was lediglich wahrscheinlich ist, ist wahrscheinlich falsch.«*

WURDE DIE WELT AM 23. OKTOBER 4004 V. CHR. GESCHAFFEN?

Ein guter Anfang, aber meist ist die Situation so, dass die Verfechter einer Theorie die ihre nicht nur als wahrscheinlich, sondern als absolut glaubwürdig darstellen, sogar mit Beweisen. Was dann? Hier ein Beispiel. Die Bibel behauptet, die Welt sei in sieben Tagen erschaffen worden. Findige Gläubige haben versucht, das genaue Datum des ersten Tages der Erschaffung der Welt auszurechnen, indem sie all die Jahre, die zwischen der Erschaffung der Welt und Christi Geburt, wie sie angeblich aus den Geschichten im Alten Testament folgen, zusammenzählten. Einer, der es nach eigener Aussage ganz genau machte, war der Erzbischof von Armagh in Irland, James Ussher, im Jahr 1658. Er behauptete: *»Der Beginn der Zeit fiel auf den Beginn der Nacht, die dem 23. Tag des Oktobers im Jahr 4004 v. Chr. vorausging.«* Damit würde sich das Jahr der Erschaffung der Welt im Jahr 2018 zum 6021. Mal jähren (für alle, die meinen, es wäre das 6022. Mal: Es gibt kein Jahr 0 unserer Zeitrechnung! Auf das Jahr 1 v. Chr. folgte das Jahr 1 n. Chr.).

Damit wüssten wir es also ganz genau, wenn es nicht diese penetranten Paläontologen gäbe (das sind die, die alte Knochen vergangener Lebewesen studieren), die der Kirche die Knochen von Dinosauriern und unseren Vorfahren präsentieren und behaupten: Diese Knochen sind weit älter als 6021 Jahre, und das ist der Beweis, dass die Bibel nicht recht hat. Ist das ein Beweis? Kein unumstößlicher, denn man könnte einwenden und fragen: Woher wisst ihr, dass die Knochen wirklich älter als 6021 Jahre sind? Dann würden die Paläontologen komplizierte Gründe vorbringen, wie die Radiokarbonmethode und geologische Bestimmung usw. Das alles könnte richtig sein. Ist das aber ein zweifelsfreier Beweis? Nein, sagen die religiösen Fundamentalisten in den USA, die sogenannten Kreationisten, denn ihr Argument lautet: Gott hat diese alten Knochen mit genau diesen Eigenschaften und genau so an den Fundorten platziert, dass die Paläontologen verführt werden anzunehmen, die Tatsachen wären so, wie sie sagen. Tatsächlich existierte aber nichts vor dem 23. Oktober 4004 v. Chr. Man mag über dieses kirchliche Argument schmunzeln. Doch Schmunzeln ist kein Gegenbeweis. Das Argument der Paläontologen ist für die meisten von uns zwar sehr plausibel, aber eben nicht unumstößlich. Also: Wo ist der *zweifelsfreie* Beweis, dass die Welt älter als 6021 Jahre ist? Nun, den gibt es nicht. Genauso wenig, wie die Kirche zweifelsfrei beweisen könnte, dass die Welt nur 6021 Jahre alt ist.

VERGANGENHEIT IST NICHT BEWEISBAR

Damit haben wir eine wichtige Erkenntnis gewonnen: Es gibt keinen hundertprozentigen, zweifelsfreien Beweis für Tatsachen, die in der Vergangenheit liegen. Das sollte uns nicht überraschen, denn Vergangenheit existiert nicht, nirgendwo, weshalb wir nie Reisen in die Vergangenheit machen werden können (siehe den Artikel *Darum gibt es bei Zeitreisen nur einen Vorwärtsgang* in meinem Buch *Höllenritt durch Raum und Zeit*). Sie existiert nur in unserem Kopf. Das Einzige, was existiert und beweisbar ist, ist die Gegenwart. Denn wenn ich beispielsweise beweisen muss, dass der Himmel blau ist, brauche ich nur zum Himmel zeigen und sagen: »Da, blau.« Wie beweist man aber Tatsachen, die in der Vergangenheit liegen und inzwischen vergangen sind? Man kann dann versuchen, mittels einer argumentativen Kette einen Kausalzusammenhang zwischen den jetzigen Tatsachen und den vermeintlichen Tatsachen in der Vergangenheit möglichst plausibel herzustellen. Zu zeigen, dass diese Kette zweifelsfrei wahr ist, ist aber schier unmöglich. Genau das ist der Haken.

Bedeutet das, wir können keine glaubwürdigen Aussagen über unsere Vergangenheit machen? Doch, das können wir. Dazu müssen wir aber ein wenig in den Wissenschaften stöbern. Die Wissenschaftler haben nämlich ein ähnliches, grundlegendes Problem: Wissenschaftliche Theorien lassen sich nicht beweisen. Sie sind nur mehr oder weniger wahrscheinlich. Trotzdem waren die Wissenschaften in den vergangenen Jahrhunderten sehr erfolgreich, die Wahrheiten in der Natur aufzuspüren. Es muss also Verfahren geben, Wahres von Falschem zu unterscheiden.

Es gibt in der Tat zwei grundlegende Verfahren. Da ist zunächst der Falsifikationismus, das Verfahren zum Beweis sogenannter All-Aussagen, also von Theorien über unsere Welt, die für sich beanspruchen, ausnahmslos wahr zu sein. Dieses Verfahren wurde von dem Philosophen Karl Popper (1902–1994) genauestens beschrieben und basiert auf dem Prinzip der Falsifizierbarkeit von Theorien. Dieses Prinzip untersucht die Frage »Was ist eine gute Theorie, und wann ist sie wahr?«. Das ist für unsere Alltagsprobleme aber meist irrelevant. Was wir suchen, ist ein Prinzip, das die wahrscheinlich wahre Theorie aus dem Heuhaufen unwahrer oder lediglich wahrscheinlicher Theorien herausfischt. Das Verfahren, das man in den Wissenschaften dazu anwendet, ist berühmt geworden unter dem Namen »Ockhams Rasiermesser«. Manchmal nennt man es aber auch einfach nur das »beauty principle«.

WAHRSCHEINLICHES VOM UNWAHRSCHEINLICHEN RASIERMESSERSCHARF TRENNEN

Natürlich handelt es sich hier nicht um ein wirkliches Rasiermesser. Gemeint ist ein Verfahren eines Gelehrten namens Ockham, das es erlaubt, Wahres von Falschem (selbst wenn es logisch klingt) haarscharf, wie mit einem Rasiermesser, zu trennen. Wilhelm von Ockham (lateinisch: Occam), 1285–1347, war ein englischer Franziskaner, der sich als scholastischer Naturphilosoph betätigte. Ihm schreibt man die Worte zu: *»Eine Vielheit* *darf nicht gesetzt werden, ohne dass es notwendig ist«* (»Pluralitas non est ponenda sine necessitate«) und: *»Dinge sollten nicht vervielfacht werden, ohne dass es notwendig ist«* (»Entia non sunt multiplicanda sine necessitate«). Tatsächlich hat er diese Worte so nie gesagt, sondern nur etwas Ähnliches. Aber darum geht es hier nicht. Das, was diese Worte ausdrücken sollen, hat der Philosoph Ludwig Wittgenstein (1889–1951) einmal so ausgedrückt: *»Suche das einfachste Gesetz, das mit den Fakten harmoniert.«* Oder Einstein mit seinem unnachahmlichen Sprachwitz: *»Eine Theorie sollte so einfach wie möglich sein, jedoch nicht einfacher.«* Was ist damit gemeint? Nun, es ist diejenige Erklärung zu favorisieren, die die Fakten am einfachsten erklärt. Dabei ist »einfach« nicht so zu verstehen, dass die Theorie einfach erscheint, sondern, dass sie die wenigsten unbeweisbaren Annahmen macht.

Wenden wir nun dieses Rasiermesser auf das Problem des Weltalters an. Die Kirche bietet dazu eine durchaus mögliche Erklärung an, die aber von der nicht beweisbaren Annahme ausgeht, es gäbe einen Gott, der die Paläontologen hinters Licht führen will. Im Sinne Ockhams ist dies eine nicht notwendige, vervielfachende Annahme. Denn es gibt eine Theorie der Paläontologen, die ohne diese zusätzliche Annahme auskommt und in diesem Sinne einfacher ist. Damit ist die Theorie der Paläontologen zu bevorzugen und daher diejenige, die man bevorzugen sollte. Wohlgemerkt, Ockhams Rasiermesser ist kein Beweismittel, sondern nur ein Argument, wenn auch ein starkes, für die Auswahl der richtigen Theorie aus vielen, wenn es keine weiteren Argumente gibt. Doch selbst wenn es tiefergehende fachliche Argumente für oder gegen andere Theorien gibt: Wer möchte sich schon die Mühe machen, in die Untiefen logischer Beweise hinabzusteigen? Für eine schnelle Orientierung hilft Ockhams Rasiermesser, und das liefert zumeist sogar auch die richtige Antwort. Was will man mehr?

IST **GOTT** EIN **MATHEMATIKER**?

3

Ist das Buch der Natur in der Sprache der Mathematik geschrieben? Wenn man sich die Wissenschaften so anschaut, könnte man das glauben. Ganz so ist es aber nicht.

WAS MANCHE SO DENKEN

Die Mathematik spaltet die menschlichen Lager. Diejenigen, die sie nicht mögen, halten sie für Teufelswerk, bestenfalls Menschenwerk. Umgekehrt halten ihre Liebhaber sie für die Krone der Wissenschaften. Der alte Platon (ca. 428 v. Chr. – 348 v. Chr.), ein Zahlenfetischist, ging sogar noch einen Schritt weiter. Für ihn war unsere Mathematik lediglich ein mattes Abbild einer höheren Realität. Mathematische Zahlen bildeten in seiner Ideenlehre eine eigene Welt, nämlich die Zahlenwelt als Ideenkonzept, die unabhängig von unserer Welt existiert. Unsere Zahlen sind sozusagen Konkretisierungen dieser Zahlenkonzepte in unserer Welt. Jedes Mal wenn ich eine Zahl auf ein Blatt Papier schreibe, wird aus einer abstrakten Zahlenidee in der Überwelt eine konkrete Zahl in der unseren. In der objektorientierten Programmierung würde man heute sagen: Es gibt einen Objekttyp »Zahl« und eine Instanz »Zahl«. Diese Behauptung ist starker Tobak. Erstens lässt sich diese Annahme durch nichts beweisen (genauer: Gemäß Poppers Wissenschaftstheorie lässt sie sich nicht falsifizieren). Solche Gedankenklimmzüge sind nach unserem wissenschaftstheoretischen Verständnis auch nicht notwendig, und wendet man Ockhams Rasiermesser (siehe vorherigen Artikel) darauf an, ist Platons Ideenwelt sowieso falsch.

Und dann gibt es noch diejenigen, für die Mathematik ein Buch mit sieben Siegeln ist, dem man einfach nicht trauen darf. So interpretiere ich einen Leser, der mir schrieb: »*Ach hört doch endlich auf mit der Mathematik! Die Mathematik wurde von Menschen erfunden, und sie glauben, dadurch alles erklären zu können. Ja sogar das Universum zu verstehen. Das ist das Absurde dabei.*« Selbst mancher Mathematiker steht dem ganzen Zahlenzauber skeptisch gegenüber. So soll der berühmte deutsche Mathematiker Leopold Kronecker (1823–1891) im Jahr 1886 gesagt haben: »*Die natürlichen Zahlen hat der liebe Gott gemacht. Der Rest ist Menschenwerk.*« Ein sehr beliebter Aphorismus in unserer Gesellschaft, den wohl auch der zitierte Leser im Sinn hatte.

Die Wissenschaftler sind sich ansonsten aber einig. Ohne Mathematik geht in den Wissenschaften gar nichts. Bereits Galileo Galilei (1564–1642) meinte Anfang des 17. Jahrhunderts: »*Die Mathematik ist das Alphabet, mit dem Gott die Welt geschrieben hat.*« Genau diese Einstellung vertritt heutzutage der einflussreiche israelische Astrophysiker Mario Livio mit seinem Buch *Ist Gott ein Mathematiker? Warum das Buch der Natur in der Sprache der Mathematik geschrieben ist.*

WAS NATUR UND MATHEMATIK GEMEINSAM HABEN

Ist also die Natur reine Mathematik ewiger Wahrheit oder nur Menschenwerk und somit anfechtbar? Schauen wir uns die Natur an. Ein Vorschlaghammer fällt auf meinen Fuß. Autsch! Ist dieser Vorgang durch Zahlen getrieben? Wohl kaum, denn Zahlen symbolisieren nur etwas, sind aber nicht selbst dieses Etwas. Was den Fall des Hammers bestimmt, ist das Gravitationsgesetz $F = mMG/r^2$. Es beschreibt, wie die Erde mit Masse M im Abstand r (hier Erdradius) auf die Masse m des Hammers einwirkt. Dabei ist G eine feste Konstante, die berühmte Gravitationskonstante. Solche Naturgesetze unterliegen der Logik (ich sage bewusst »der« und nicht »einer« Logik). Die Logik im Gravitationsgesetz ist nicht das Gravitationsgesetz selbst, sondern dass die Massen multiplikativ die gegenseitige Anziehungskraft bedingen. Das ist logisch, denn Multiplikation ist kommutativ, also $3 \cdot 5 = 5 \cdot 3 = 15$. Das heißt, die mathematische Multiplikation gibt die Logik der Natur »Die Anziehungskraft von m auf M ist identisch zur Anziehungskraft M auf m« richtig wieder. Wie groß die Zahl für m oder M ist, ist dabei irrelevant, denn das Kommutativgesetz gilt für jede reelle Zahl, zum Beispiel auch für $1{,}11 \cdot 2{,}22 = 2{,}22 \cdot 1{,}11 = 2{,}4642$. Wie man sieht, ist also nicht die zahlenmäßige Beschreibung der Natur entscheidend, sondern ihre innere Logik, die von der Mathematik richtig wiedergegeben wird.

Ein anderes Beispiel. Was ist im Gravitationsgesetz die Logik hinter r^2? Wir leben in einem dreidimensionalen Raum. Ohne auf Details, die die Physik inzwischen verstanden hat, einzugehen, verlangt die Natur, dass die Wirkung punktförmiger Größen (etwa Masse und Ladung) in einem n-dimensionalen Raum von der Form r^{n-1} sein muss. Daher muss in unserem dreidimensionalen Raum das Gravitationsgesetz mit $r^{3-1} = r^2$ gelten! Um diese Dimensionslogik richtig darzustellen, brauchen wir eine entsprechend logische Darstellungsform. Genau das ist die Mathematik.

Mit anderen Worten, weil die Natur strikt logisch aufgebaut sein muss und Mathematik Logik pur ist, lässt sich die Natur so wunderbar durch die Mathematik beschreiben. Die treibende Kraft hinter beiden ist also die gnadenlose Logik in unserer Welt.

LOGIK ERKLÄRT NICHT ALLES, ABER OHNE LOGIK LÄUFT GAR NICHTS

Die Natur muss perfekt logisch sein, um konsistent zu sein. Es gibt keine Ausnahmen in Naturgesetzen. Jedes Naturgesetz hat Absolutheitsanspruch. Das klingt hart, macht aber die Physik so wunderbar verlässlich. Aus der Logik der Natur folgt aber nicht unbedingt die Vorhersagbarkeit unserer Welt, wie man früher dachte (Laplacescher Determinismus), sondern lediglich ihre innere Widerspruchsfreiheit. Oder wie Albert Einstein es einmal unnachahmlich ausdrückte: *»Raffiniert ist der Herrgott, aber boshaft ist Er nicht.«*

Wir Menschen sind für Logik nicht gemacht. Wir sind gnadenlos unlogisch. Hier ein Beispiel. Wenn Sie auf meine Frage »Sie sind doch nicht blöd, oder?« empört mit »Nein!« antworten, dann würden Sie zugeben, Sie wären blöd. Denn eine doppelt negierte Aussage ist logisch gesehen die ursprüngliche Aussage. Sollten Sie also der Überzeugung sein, Sie seien nicht blöd, dann müsste Ihre richtige Antwort lauten: »Ja! (Ich bin nicht blöd.)« Um solche menschliche Unlogik zu verhindern, brauchen wir Mathematik. Mathematik ist die Leitplanke unseres Denkens. Ohne die Mathematik würden wir immer noch in der Irrationalität und Mystik des Mittelalters leben und denken. Die Errungenschaft unserer aufgeklärten, modernen Welt, die oft mit »Vom Mythos zum Logos« beschrieben wird, verdanken wir der Mathematik. Logik ist lästig, kompliziert und tut manchmal weh, aber sie räumt unser verqueres Denken radikal auf. Oder anders ausgedrückt: Traue keiner Idee oder Theorie, die sich nicht mit der Logik der Mathematik untermauern lässt. Daher hatte zum Beispiel Popper mit solcher Kritik am einflussreichen Historizismus vollkommen recht.

NICHT ALLES, WAS LOGISCH IST, EXISTIERT AUCH

Es gibt mit der Anwendung von der mathematischen Logik auf unsere Welt nur eine logische Komplikation (die Anwendung von Logik unterliegt ebenfalls der Logik!). Mathematik ist zwar Logik pur, und die Natur muss ebenfalls gnadenlos logisch sein. Das bedeutet aber nicht, dass alles, was logisch ist, auch in der Natur realisiert sein muss! Nur weil man eine vierdimensionale Welt mathematisch sauber darstellen kann, heißt das noch lange nicht, dass es ein 4-D-Universum auch geben muss. Daher hatte ich in meinem Artikel *Wurmlöcher für Anfänger* in meinem Buch *Im Schwarzen Loch ist der Teufel los* darauf hingewiesen, dass Wurmlöcher zwar mathematisch logisch sind, aber nicht unbedingt existieren müssen.

IST GOTT EIN MATHEMATIKER?

Kommen wir also zu unseren Ausgangsfragen zurück: Ist das Buch der Natur in der Sprache der Mathematik geschrieben? Ist Gott ein Mathematiker? Die Antwort auf die erste Frage lautet: Die Natur ist und muss gnadenlos logisch sein, sonst wäre sie in sich widersprüchlich. Eine Natur, die in sich widersprüchlich wäre, wäre nicht existenzfähig, weil etwa der Widerspruch »m zieht M nicht mit derselben Kraft an, wie M m anzieht« gar keine gegenseitige Gravitation möglich macht. Die Sprache der Logik nennen wir Mathematik. Also muss die Natur durch Mathematik ausdrückbar sein.

Die Frage, ob Gott ein Mathematiker ist, ist schwerer zu beantworten. Nehmen wir an, es gibt ihn und er hätte keine Ahnung von Mathematik, also von Logik. Dann wäre denkbar, dass er eine unlogische Welt schafft, die aber wegen innerer Widersprüche sofort kollabieren würde. Dann probiert er eine weitere Welt aus usw., bis er schließlich durch Zufall eine Welt schafft, die in sich konsistent ist. Erst in so einer Welt können Menschen entstehen, die sich darüber wundern können, dass unsere Welt so wunderbar logisch ist und ihren Gott für einen perfekten Mathematiker halten. Die möglichen Antworten sind also:

1. Gott ist Mathematiker und, bingo, sein erstes Universum war perfekt.
2. Gott ist kein Mathematiker, und er hat einfach nur herumprobiert, bis irgendwann durch Zufall alles passte.

Wenn also die Existenz unseres erstaunlich logischen Universums unabhängig davon ist, wie clever ein möglicher Schöpfer war, dann ist die minimale Voraussetzung für die Existenz unserer Welt nur ein stupider Mechanismus, der nicht nur die eine unsere Welt, sondern viele Welten, also Paralleluniversen, hervorbringen kann. (Tatsächlich wäre unser Universum auch ohne Paralleluniversen denkbar, aber extrem unwahrscheinlich. Eine einzige Welt wäre zufällig entstanden und wäre gleich perfekt gewesen.) Tatsächlich wäre durch weitere Anwendung dieses Glückspiel-Arguments nicht nur ein logisches Universum, sondern auch ein belebtes und gar bemenschtes Universum denkbar. Das ist der Grund, warum in der modernen Kosmologie Paralleluniversen eine so große Rolle spielen.

GOTT WÜRFELT NICHT! WIRKLICH?

4

Vieles, was wir über Einstein glauben zu wissen, ist falsch. Er glaubte nicht an Gott, aber dafür an den Zufall. Zwar gilt er als das Genie schlechthin, trotzdem unterlag er so manchem Irrtum.

Keine Frage, Einstein war ein genialer Physiker. Allein im Jahr 1905, seinem annum mirabilis, veröffentlichte er fünf Arbeiten, darunter drei bahnbrechende Arbeiten über die Brownsche Molekularbewegung, die Spezielle Relativitätstheorie und über die Quantentheorie der elektromagnetischen Strahlung (photoelektrischer Effekt). Zehn Jahre später, im Jahr 1915, folgte der Geniestreich schlechthin, seine Allgemeine Relativitätstheorie. Im Jahr 1921 erhielt er den Physiknobelpreis (verliehen 1922), aber nicht für seine großartigen Relativitätstheorien, sondern, wie es offiziell vom Nobelpreiskomitee hieß, *»für seine Verdienste um die Theoretische Physik und besonders für seine Entdeckung des Gesetzes des photoelektrischen Effekts.«* Mit der »Theoretischen Physik« meinte das Komitee ausdrücklich nicht seine Relativitätstheorien, weil die damals noch zu gewagt erschienen. Für seine größte Leistung wurde Einstein also nie mit einem Nobelpreis geehrt.

EINSTEINS GLAUBE

Auch für seine Äußerungen in Bezug auf Gott ist er berühmt. Sie werden immer wieder gern für eigene Ideologien ausgeschlachtet. So wird Einstein von Gläubigen oft mit den Worten zitiert: *»Die Naturwissenschaft ohne Religion ist lahm«*, wobei sie den Nachsatz *»(...) die Religion ohne Naturwissenschaft aber ist blind«* jedoch gern unterschlagen. Was Einstein wirklich vom Glauben hielt, beschreibt dieses Zitat: *»Das Wort Gott ist für mich nichts als Ausdruck und Produkt menschlicher Schwächen, die Bibel eine Sammlung ehrwürdiger, aber doch reichlich primitiver Legenden. (...) Für mich ist die unverfälschte jüdische Religion wie alle anderen Religionen eine Incarnation des primitiven Aberglaubens.«* Seine Aussagen sind also wie ein Steinbruch, wenn man genügend sucht, ist für jeden etwas dabei.

EINSTEIN GLAUBTE AN ZUFALL

So werden auch seine Worte »Gott würfelt nicht« gern von Menschen zitiert, die davon überzeugt sind, dass es in unserer Welt keinen Zufall gibt, sondern alles von Gott durch ein Schicksal vorherbestimmt ist. Aber wie verhält es sich nun wirklich mit diesem Zitat? Tatsächlich hat Einstein das nie so gesagt. Es gibt vielmehr zwei Aussagen, die dies indirekt beinhalten. In einem Brief an den Physiker Max Born (1882–1970) schrieb er: *»Die*

Quantenmechanik ist sehr achtung-gebietend. Aber eine innere Stimme sagt mir, daß das doch nicht der wahre Jakob ist. Die Theorie liefert viel, aber dem Geheimnis des Alten bringt sie uns kaum näher. Jedenfalls bin ich überzeugt, daß der nicht würfelt.« Und in einem Brief an den mathematischen Physiker Cornelius Lanczos (1893–1974) schrieb er: *»Es scheint hart, dem Herrgott in die Karten zu gucken. Aber dass er würfelt und sich telepathischer Mittel bedient (wie es ihm von der gegenwärtigen Quantentheorie zugemutet wird), kann ich keinen Augenblick glauben.«*

Mit den »telepathischen Mitteln« meint er die spukhafte Fernwirkung der Quantenphysik. Fakt ist jedoch, die gibt es wirklich. Allerdings behält Einstein in dem Sinne recht, dass die Kausalität in unserem Universum dadurch trotzdem erhalten bleibt.

Aber was meint er, wenn er sagt: *»(…) dem Geheimnis des Alten bringt die [Quantenmechanik] uns kaum näher. Jedenfalls bin ich überzeugt, daß der nicht würfelt.«* Nun, der »Alte« ist in seinen Worten »Gott«. Was Einstein immer getrieben hat, war die Frage, warum die Welt so ist, wie sie ist, und wie sie im Innersten funktioniert. Daher hatte er sich für die atomare Brownsche Bewegung und den quantenmechanischen Photoeffekt interessiert. Er kannte also die Quantenphysik besser als kaum ein anderer, und ihm war klar, dass in der atomaren Welt der Zufall das Regime führte. Die von ihm richtig beschriebene Brownsche Molekularbewegung ist eine rein zufällige Bewegung, die ein Molekül durch Stöße mit anderen Molekülen beschreibt.

WAS EINSTEIN MIT DEM WÜRFELN GOTTES MEINTE

Was also meinte Einstein, wenn er sagte: *»Jedenfalls bin ich überzeugt, daß der nicht würfelt.«* Es geht um den sogenannten Kollaps der Wellenfunktion. In der Quantenmechanik wird einem Teilchen eine Wellenfunktion zugeschrieben, die jedoch nicht direkt messbar ist. Tatsächlich beschreibt sie den Zustand eines Teilchens nur mit einer gewissen Wahrscheinlichkeit. Diese Wahrscheinlichkeit wird erst zur Gewissheit, wenn man den Zustand des Teilchens misst. Vor der Messung nimmt das Teilchen mit einer gewissen Wahrscheinlichkeit alle möglichen Zustände gleichzeitig ein. Auf dieser Aussage basiert das Paradox von Schrödingers Katze: In einer undurchsichtigen Kiste, in der eine Katze einer zufälligen Gabe von Gift ausgesetzt ist, ist die Katze tot und lebendig zugleich! Erst wenn ein Beobachter die Kiste lüftet, sieht er, ob die Katze tatsächlich tot oder lebendig ist. Der gesunde Menschenverstand sagt, das kann nicht sein! Entweder ist die Katze tot oder lebendig, egal ob ich nachschaue oder nicht.

Ein anderes Beispiel: Ein Würfelbecher mit einem Würfel wird geschüttelt. Nach dem Wurf liegt der Würfel verdeckt im Becher auf dem Tisch. Die bis heute akzeptierte Kopenhagener Interpretation der Quantenmechanik besagt nun, dass der Würfel (um genau zu sein, die Wellenfunktion des Würfels) mit jeweils 1/6 Wahrscheinlichkeit die Zahlen 1 bis 6 gleichzeitig einnimmt. So ein Quatsch, würde man sagen, der Würfel zeigt nur eine Zahl, wir kennen sie lediglich nicht. Erst wenn wir den Becher anheben, wissen wir die Zahl, sagen wir 4. Die Kopenhagener Interpretation besagt: Erst mit dem Nachschauen kollabiert die Wellenfunktion zu ihrem tatsächlichen Wert 4. Für Einstein war das glatter Unsinn. Sein Argument war aber nicht der gesunde Menschenverstand, sondern dass die Welt sich nicht unstetig verhält: Was gerade noch eine Verteilung von Zahlenwerten war, kann jetzt nicht eine zufällige konkrete Zahl sein. Dieser unstete Übergang (Kollaps), der sehr zufällig von jedem und allem und insbesondere von Gott herbeigeführt werden kann, erregte also seinen Unmut. Seine Worte »Gott würfelt nicht« sind also zu verstehen als: Der von der Quantenmechanik behauptete zufällige Kollaps bringt uns dem Geheimnis des Alten kaum näher. In diesem Sinne würfelt das Universum und somit Gott nicht.

Wir wissen heute, Einstein hatte mit seinem Zweifel an einem makroskopischen Schwebezustand trotzdem recht. Wie wir heute nämlich wissen, interagieren makroskopische Teilchen wie Katzen oder Würfel ständig mit ihrer Umgebung, was zu einer sogenannten Dekohärenz ihrer Wellenfunktion führt. Die Umgebung wirkt also durch die ständige Interaktion mit dem Teilchen wie ein Beobachter, der im Sinne der Quantenmechanik die Wellenfunktion kollabieren lässt. Konkret: Weil beim Aufprall des Würfels auf den Tisch der Würfel mit dem Tisch per Stoß interagiert, wird aus den sechs möglichen Zahlen die eine konkrete Zahl. Diese Begründung hätte auch Einstein zufriedengestellt. Aber Dekohärenz von Wellenfunktionen ist eine Erkenntnis der letzten Jahrzehnte, die die Physiker zu Einsteins Zeiten nicht kannten.

EINSTEINS IRRTÜMER

Einstein hatte zur Erklärung des Kollapses eine andere Theorie parat, die in seinen Augen dem »Geheimnis des Alten« näherkam. Für ihn existierte eine sogenannte Hintergrundvariable in der Quantenphysik, also eine Art tieferliegende Ursache, die sehr deterministisch (also nicht zufällig) auf die Welt einwirkte und so stets einen scheinbar zufälligen Kollaps auslöst. Diese Theorie konnte aber 1964 mit den Bellschen Ungleichungen widerlegt werden. Obwohl Einstein ein großartiger Physiker war, unterlag er also trotzdem so manchem Irrtum. Hier ein weiterer Irrtum von ihm: *»Es gibt nicht das geringste Anzeichen, daß wir jemals Atomenergie entwickeln können.«*

Nobelpreise schützen also vor Irrtum nicht. Oder um es mit den Worten des gewitzten Physikers Richard Feynman (1918–1988) auszudrücken: *»Wissenschaft ist der Glaube an die Unwissenheit von Experten.«* Oder um es in meinen Worten auszudrücken: Mit Skepsis beginnt die Suche nach Wahrheit.

DAS LEIB-SEELE-PROBLEM – **DIE URSPRÜNGE**

5

»Die Seele ist die Herrin, das Fleisch ist die Magd, (...) und der Leib gibt sich im Empfangen des Lebens der Seele hin.«

Hildegard von Bingen (1098–1179), deutsche Äbtissin und Mystikerin

URSPRÜNGE DES SEELENGLAUBENS

Das Primat der Seele über den Leib ist tief in unserer Kultur verankert. Der Körper mag zwar sterben, aber die Seele nie. Schlimmer noch: *»Der Leib ist das Grab der Seele«*, so Platon (ca. 428 v. Chr. – 348 v. Chr.), der Begründer der abendländischen Philosophie. Die Vorstellung der Existenz einer Seele geht sogar weit vor Platon zurück. Wahrscheinlich indischen Ursprungs (daher kennen der heutige Hinduismus und Buddhismus ebenfalls die strikte Trennung zwischen Körper und Seele) wurde sie in der griechischen Antike erstmals in den Epen *Ilias* und *Odyssee* (beide etwa 700 v. Chr.) insgesamt 81-mal erwähnt. Dort wird sie als Grundprinzip des Lebens verstanden.

Die Menschen damals konnten sich einfach nicht erklären, warum sich Menschen und Tiere fortwährend bewegen, wo doch alles andere irgendwann zur Ruhe kommt. Selbst ein Ball, den ich rolle, wird irgendwann aufhören zu rollen. Der fortwährende Antrieb unseres Körpers ist eben die Seele, das erste leitende Prinzip (Entelechie) eines jeden sich bewegenden Naturwesens. Konsequenterweise nahmen die Griechen an, dass sowohl Menschen wie auch Tiere eine Seele besäßen. Daraus ergibt sich bis heute wahrscheinlich die (meist unbewusst spirituelle) vegetarische Ablehnung, Tiere zu schlachten oder zu essen. Gemäß Platons Seelenlehre wird nach dem Tod des Körpers das Schicksal der Seele bestimmt vom Verhalten in der vorausgegangenen Daseinsform. Je nach Lohn oder Strafe begibt sich die Seele auf unterschiedliche Seelenwanderungen. Bei schlechter Lebensweise geht sie in Tiere über, leidliche Seelen schlüpfen in Frauenkörper, gute Seelen in Männerkörper. (Die alten Griechen waren einfach gnadenlose Chauvinisten, huldigten dem Sklaventum, das ihnen ein angenehmes Leben bescherte, und verachteten die Demokratie.) Und das Seelenendstadium, der Hades, ist die griechische Unterwelt. Der alternative, auch heute noch anzutreffende Glaube, die Seele wandle nach dem Tod auf anderen Planeten oder Sternen, fand erst später aus dem Osten kommend über die Orphik (etwa 600 v. Chr.) Eingang in die griechische Philosophie.

LEIB-SEELE-DUALISMUS IM CHRISTENTUM

Im Gegensatz zur griechischen Philosophie glaubten die Christen, die Semiten, genauso wie heute noch die Juden, ursprünglich an die strikte Einheit von Körper und Seele. Im Glauben der tradierten christlichen Kirchen wird jede Seele eigens für jeden Leib von Gott neu geschaffen. Die griechische Vorstellung einer zeitlebens im Körper eingesperrten Seele, die nach dem Tod von Körper zu Körper wandert, ist dem ursprünglichen Christentum fremd und unabhängig vom Wiederauferstehungsglauben. Im ganzen Alten Testament wie auch bei Matthäus und Johannes im Neuen Testament ist nirgends von Seelen die Rede. Erst im späten 20. Jahrhundert fand die antike Vorstellung eines Leib-Seele-Dualismus endgültig auch Eingang in christliche Vorstellungen. Die körperliche Wiederauferstehung am Jüngsten Tag – und nicht das Auffahren der Seele in den Himmel beim Tod – ist also die eigentliche Lehre des Christentums.

In diese historische Entwicklung passt auch die Vorstellung von Papst Paul II. von der Seele und dem Jüngsten Gericht, die er im Oktober 1998 vor Pilgern verkündete. Demnach herrschen nach dem Tod ganz besondere Bedingungen für das unsterblich »spirituelle Element« – sprich Seele – des Menschen. Die Seele sei auch ohne Körper ein Mensch, zwar unsichtbar, aber ausgestattet mit Bewusstsein und eigenem Willen. Er manifestierte hiermit also kritiklos platonische Denkvorstellungen, die eindeutig mit der Auffassung des Alten Testaments kollidieren, wonach die Seele mit dem Körper stirbt und am Jüngsten Tage wieder mit ihm aufersteht. Wenigstens distanzierte er sich von der Seelenwanderung. Mit diesem fundamentalen Sinneswandel gab Papst Paul II. urchristliche Ideen auf, zugunsten dubioser spiritueller Elemente, die gerade heutzutage en vogue sind.

Aber auch in allen nicht katholischen Kirchen wird die Seele als ein Prinzip gesehen, das den Menschen grundsätzlich vom rein Materiellen unterscheidet. Wie passt das zu den Aussagen der Bibel? Tatsache ist, das Alte Testament kennt nur den Begriff *Lebensodem*, also das Prinzip der Bewegung. Das Neue Testament kennt nur den Begriff *Psyche*, der in alten Bibelübersetzungen fälschlicherweise als »Seele« übersetzt wurde. Tatsächlich, so die neuere Bibelforschung, ist damit ebenfalls »Leben« (im Sinne des jüdischen »nefesch«) gemeint, also ebenfalls das Prinzip der Bewegung. Damit dürften alle Gläubigen von Religionen, für die die Bibel die Basis des Glaubens ist, das Wort »Seele« im Zusammenhang mit religiösem Glauben gar nicht in den Mund nehmen. Da wir heute zudem wissen, wie Bewegung in einem Lebewesen biologisch hervorgerufen wird, ist der tradierte Begriff einer Seele / Lebensodem / Psyche als Ursache der Bewegung ohnehin obsolet. Insofern stehen Platon und Bibel auf gleicher Erkenntnisstufe.

Der Import des Aristotelismus und Platonismus und damit der Seelenlehre ins Christentum durch die Scholastik im Mittelalter bedeutete nicht nur eine bedauerliche Verschiebung der Wirklichkeit ins Metaphysische, sondern leider auch eine damit beginnende Leibfeindlichkeit, was sich sehr schön im Eingangszitat von Hildegard von Bingen ausdrückt. In ihrer extremen Form zeigt sie sich als repressive Sexualmoral der christlichen Kirchen und im Zölibat der katholischen Kirche. Das Judentum hingegen, verschont vom Platonismus, kennt keine Leibfeindschaft. Gutes Leben und erfüllte Sexualität sind gute Gaben Gottes.

WELTSEELE UND ASTROLOGIE

Platon kannte aber auch eine Weltseele. Konsequenterweise musste er das auch, denn die Beobachtung des Sternenhimmels zeigte, dass es Planeten gibt, die sich fortwährend bewegen. Also muss auch die Welt eine Seele besitzen! Aber was ist der Ursprung all dieser Bewegungen? Während Platon noch einen eher unpersönlichen Antrieb, einen sogenannten Demiurgen annahm, wurde sein Schüler Aristoteles (384 v. Chr. – 322 v. Chr.) konkreter: Es ist ein erster bewegender Schöpfer in der Sternensphäre. Dieser dreht ursprünglich den Sternenhimmel (was man des Nachts offensichtlich sieht!), diese Bewegung überträgt sich durch Zwischensphären nacheinander auf die Sphären der Planeten, diese bewegen den Mond und dieser schließlich zusammen mit allen anderen Planeten den Menschen und die Tiere. Weil die Existenz eines im Himmel thronenden Schöpfers, der von weit außen unser Leben bestimmt, perfekt ins christliche Konzept passte, übernahm die christliche Kirche diese aristotelische Vorstellung nur allzu gern in ihre Dogmatik und zementierte sie im Mittelalter in der Scholastik, allen voran Thomas von Aquin (1225–1274).

Zugleich fand aber das Prinzip der Bewegungsübertragung über die Planeten und den Mond auf den Menschen auch breite Anerkennung außerhalb der Kirche. Sie ist die Basis der Astrologie, die in der Antike geboren wurde, im Mittelalter ihre Hochzeit erlebte und an die heute noch viele glauben. In der Astrologie bestimmen die Planeten und der Mond unser Leben. Nur, wir wissen heute besser, warum wir und die Planeten sich wirklich bewegen. Es sind biologische und physikalische Prinzipien.

Damit wäre der Glaube an Seelen eigentlich obsolet.

Eigentlich …

DAS LEIB-SEELE-PROBLEM – **IN DER NEUZEIT**

6

Mit dem heutigen Wissen um die biologischen und physikalischen Prinzipien menschlicher Bewegung wäre der antike Glaube an Seelen eigentlich obsolet – wäre da nicht unser Bewusstsein.

DER WISSENSCHAFTLICHE MATERIALISMUS

Nach heutiger wissenschaftlicher Erkenntnis ist das menschliche Bewusstsein das Spektrum aller kognitiven Fähigkeiten einschließlich unseres Selbstbewusstseins. Die gegenwärtige Position unter den meisten modernen Philosophen, Psychologen, Neurobiologen und Kognitionswissenschaftlern ist, dass Bewusstsein eine Emergenz unseres Gehirns ist. Ganz allgemein gesprochen versteht man unter Emergenz eines Systems das Auftreten eines Phänomens, das sich zwar nicht aus seinen Einzelteilen ableiten lässt, aber ansonsten ein im Prinzip wissenschaftlich erklärbares Phänomen ist. So ist die Eigenschaft »ein Tropfen Wasser ist nass« ein Verdunstungseffekt, der sich nicht aus der Eigenschaft seiner 10^{21} H_2O-Moleküle erklären lässt. Genauso lässt sich das Bewusstsein zwar nicht aus der Eigenschaft einzelner Nervenzellen ableiten, aber im Prinzip (so die Hypothese der Neuropsychologen) aus der Gesamtheit von 100 Milliarden miteinander kommunizierenden Neuronen.

Damit zählen diese Wissenschaftler eindeutig zu den Materialisten in unserer Gesellschaft. Die Materialisten glauben, dass sich alle kognitiven Hirnphänomene auf physikalische Ursachen zurückführen lassen, sie also materiellen Ursprungs sind – Materie ist das Einzige, was existiert. Für die Materialisten entstand der Geist und damit auch Moral Hand in Hand mit der Evolution des materiellen Universums im Allgemeinen und der biologischen Evolution im Speziellen. Gemäß dem Materialismus entstehen moralische Werte aus sozialen Beziehungen (der Mensch als soziales Wesen). Moral ist in diesem Sinne eine Emergenz sozialer Beziehungen, die sich aber mit den Beziehungen ändern kann. Daraus wächst aber auch die Überzeugung, dass im Konfliktfall soziale Werte Vorrang vor individueller Moral und Interessen haben. Die Gesellschaft ist also der maßgebende moralische Faktor, während das Individuum lediglich ein abhängiges Hilfselement der Gesellschaft ist.

MONISTEN VERSUS DUALISTEN

Die Materialisten wiederum zählen zur Gruppe der Monisten (mit ihrem klassischen Vertreter, dem schottischen Philosophen David Hume, 1711–1776), die behaupten, es gebe nur eine Art von Dingen auf der Welt. Eine dazu gegensätzliche Fraktion der Monisten sind die Idealisten. Sie sind davon überzeugt, dass alles auf der Welt letzten Endes geistig sei. Auch das Christentum und Judentum sind eigentlich monistische Religionen. In Luthers Bibelübersetzungen ist mit dem Wort »Seele« lediglich eine göttliche Verlebendigung des Geschöpfs »Mensch« aus einem Erdenkloß durch das Einblasen des lebendigen Odems in seine Nase gemeint (1. Mose 2,7).

Den Monisten stehen die Dualisten gegenüber, die glauben, es gebe auf der Welt zwei fundamental unterschiedliche Phänomene und Existenzen, nämlich physische und psychische – die Welt der Materie und die des Geistes. Bewusstsein, so die Dualisten, sei eine Qualität des Geistes und diese wiederum eine Ausprägung der Seele. Da hätten wir sie also wieder, die Seele.

DESCARTES' DUALISMUS

Das dualistische Denken, begründet in der platonischen Philosophie, fand im abendländischen Denken erst später im 17. Jahrhundert durch René Descartes (1596–1650) und John Locke (1632–1704) seine radikalste Ausprägung, aber bis heute auch allgemeine Verbreitung in der Gesellschaft. Aus seinem berühmt gewordenen Ausspruch »*Ich denke, also bin ich*« folgerte er: »*Ich erkannte daraus, dass ich eine Substanz sei, deren ganze Wesenheit oder Natur bloß im Denken bestehe und die zu ihrem Dasein weder eines Ortes bedürfe noch von einem materiellen Dinge abhänge, sodass dieses Ich, das heißt die Seele, wodurch ich bin, vom Körper völlig verschieden und selbst leichter zu erkennen ist als dieser und auch ohne Körper nicht aufhören werde, alles zu sein, was sie ist.*« Er gelangte somit zur Auffassung, dass Materie und Geist zwei völlig verschiedene, voneinander getrennte Substanzen seien, die materiell ausgedehnte Substanz (res extensa) einerseits und eine rein geistige und seelische, form- und gestaltlose denkende Substanz (res cogitans) andererseits. Mit seiner rigorosen Trennung der beiden Substanzen stieß Descartes jedoch auf ein Problem: Wie lässt sich das Zusammenwirken beider erklären, wo doch Körper und Geist angesichts ihrer radikalen Verschiedenheit keine einzige inhaltliche Bestimmung gemeinsam haben können? Konkret, wie und wo kann die Seele auf die wesensfremde Maschinerie des Gehirns Einfluss nehmen? Seine Antwort auf diese ungemütliche Frage der Monisten war ein ziemlich hilfloses *»in der Zirbeldrüse«*. Tatsächlich erwies sich dieser Punkt als entscheidende Schwachstelle in seiner Philosophie. Mit ihr schuf Descartes das klassische Leib-Seele-Problem der Philosophiegeschichte.

Die bis heute verbreitete Akzeptanz eines dualistischen geistigen Prinzips, das sich nicht auf Materie reduzieren lässt, ist die dadurch entstehende natürliche Möglichkeit, dem Menschen menschliche Werte und insbesondere eine Moral zuzuordnen, die ihn von Tieren, die man a priori für frei von Moral hält, absetzt und ihm somit außerordentliche Menschenrechte zuspricht, aber auch moralische Pflichten (siehe Nürnberger Prozesse) auferlegt. Materialismus und Monismus sind zwar nicht inkompatibel mit Menschenrechten und menschlicher Moral, aber das dualistische Prinzip macht die Hypothese intrinsischer Menschenrechte einfacher verständlich und bringt dies einfacher in Übereinstimmung mit unseren abendländischen kulturellen Traditionen, die in der Antike wurzeln und im Mittelalter von der Scholastik ins Christentum importiert wurden.

MATERIALISMUS – HART, ABER WAHR

Heute kennen wir die richtigen Antworten, denn wir können sie wissenschaftlich beweisen. Der Körper bewegt sich angetrieben durch biophysikalische Prozesse, und Bewusstsein ist das Ergebnis neurobiologischer Prozesse in unserem Gehirn. Obwohl sich dabei in vielen sicherlich Widerstand regt: Wie können Liebe und Emotionen ein Ergebnis neuronaler Vorgänge sein? Wir wissen heute, dass dem so ist. So unromantisch das auch klingen mag,

Liebe und Emotionen werden zentral von der Amygdala unseres Gehirns gesteuert. Tatsächlich, so die Neuropsychologen, prägt die Einwirkung der Liebe und Emotionen verarbeitenden Amygdala auf den Hypothalamus auch unsere Erinnerungen. Deswegen brauchen wir uns nicht wundern, dass wir uns besonders bewusst an die extrem emotionalen Momente des ersten Kusses oder ersten Sex erinnern.

Es wird wie immer in unserer kulturellen Entwicklung viele Generationen, wenn nicht Jahrhunderte dauern, bis ein solch gravierender Paradigmenwechsel allgemein akzeptiert wird. Aber dies ist, wie so oft, nur eine Frage der Zeit.

EWIGES LEBEN – LADE MICH HERUNTER!

7

Ewiges Leben wäre möglich. Dieser Artikel beschreibt wie. Die Frage ist nur, mit oder ohne Seele?

Wie immer in meinen Artikeln versuche ich, mit wissenschaftlicher Erkenntnis das faktisch Mögliche auszuloten, selbst in seinen extremen Formen und ohne Rücksicht auf etablierte Vorstellungen. Dieser Artikel ist so einer.

Den Anstoß zu meinen Überlegungen gab das Buch von Paul J. Nahin, *Holy Sci-Fi! Where Science Fiction and Religion Intersect*. Prof. Paul Nahin ist kein Unbekannter. Er hat das aus meiner Sicht mit Abstand beste Buch über Zeitreisen geschrieben, *Time Machines: Time Travel in Physics, Metaphysics, and Science Fiction*, das keinen Aspekt dieses faszinierenden Themas auslässt und kompetent analysiert. In seinem neuesten Buch macht er sich genauso kompetent Gedanken über alte Science-Fiction-Themen, wie etwa die logische Beziehung von Robotern und Menschen, aber auch religiöse Implikationen von Zeitreisen. Meine Empfehlung: Sehr lesenswert – leider nur in Englisch erhältlich.

DIE AUSGANGSGESCHICHTE

In seinem Kapitel 4 von *Holy Sci-Fi!* geht es um die Frage: Können Roboter prinzipiell religiös sein beziehungsweise werden? Dabei zitiert Nahin das SF-Buch von Norman Spinrad, *Deus X*, aus dem Jahr 2007. Darin geht es um den Weltuntergang, ausgelöst durch eine alles vernichtende, unkontrollierte Klimaerwärmung. Kurz vor der Auslöschung der Menschheit gelingt es der Technik, das menschliche Bewusstsein zu scannen und es auf einen Computer-Chip herunterzuladen. In dem Buch bezeichnet die katholische Kirche diese sogenannten »Nachfolge-Objekte auf der Anderen Seite« als Sünde und Instrument des Satans und verdammt elektronische menschliche Nachfolger in alle Ewigkeiten. Die Situation ändert sich, als der fiktive Papst Robert I. in einer päpstlichen Bulle verkündet, dass der Geist und auch die Seele eines Menschen durchaus auf einer Nachfolge-Kopie weiterexistieren könnten.

Die Gläubigen und insbesondere der Priester Pierre de Leone wettern gegen diese Ansicht, mit dem Argument: *»Wohin soll das führen? Warum können Geist und Seele dann nicht auch in der 2., 3. oder tausendsten Kopie fortleben?«* Als aber de Leone mit 91 Jahren im Sterben liegt, offenbart ihm die dann waltende Päpstin Maria I. ihre perfide Absicht: Sein Geist solle auf den vatikanischen Computer heruntergeladen werden, während seine Seele, die ja nach seiner Überzeugung nicht auf dem Chip fortleben wird, in das Feuer der ewigen Verdammnis eingehen soll. Sie erwarte dann seinen weisen Rat von der Anderen Seite. Das Ende der noch perfider werdenden SF-Geschichte sollten Sie selbst lesen und tut nichts mehr zu meiner Frage, die da lautet: Könnte der Geist eines Menschen tatsächlich auf einem Silizium-Chip heruntergeladen werden?

WAS IST GEIST?

Nach guter wissenschaftlicher Praxis gilt es zunächst, Begriffe zu klären. Was ist »Geist«? Im allgemeinen Sprachgebrauch, dem wir uns hier anschließen, ist dies die Wahrnehmung, also Bewusstsein (Wahrnehmung der Umwelt über die Sinne) einschließlich Selbstbewusstsein (Wahrnehmung des eigenen Ich), Lernen, Erinnerung, Vorstellung, Fantasieren und überhaupt sämtliche Formen des Denkens. Wir wissen heute durch die Neurobiologie, dass dieses geistige Vermögen ausschließlich durch die Aktivitäten unserer etwa 100 Milliarden Gehirnneuronen gewonnen wird. Durch viele Fälle von Gehirnverletzungen wissen wir sogar, welche Gehirnregionen vorwiegend welche geistigen Tätigkeiten durchführen (Erinnerung etwa wird durch den Hippocampus gesteuert, Emotionen durch die Amygdala). Wir können sie sogar durch Psychopharmaka beeinflussen. Das bedeutet, unser Geist funktioniert als neuronales Netz sowohl neuroelektrisch als auch neurochemisch in einer Art Bit Code, dem sogenannten Aktionspotential.

KÜNSTLICHE NEURONALE NETZWERKE

Neuronale Netze lassen sich auch aus künstlichen Neuronen herstellen, sogenannte künstliche neuronale Netzwerke, KNNs. Bisher konnten wegen der heute möglichen Technik jedoch nur kleinere Netzwerke simuliert werden. Irgendwann wird es daher KNNs mit 100 Milliarden Neuronen geben. Dies ist aber nicht das eigentliche Problem, sondern vielmehr: Wie bekomme ich die Informationen, die in der konkreten Vernetzung menschlicher Gehirnneuronen gespeichert sind, abgelesen? Dazu müsste man, wie im Buch von Nahin angenommen, das Gehirn auf neuronaler Ebene dreidimensional scannen können. Das ist heute nicht möglich. Noch nicht. Doch nichts spricht dagegen, dass das einmal möglich sein wird, zum Beispiel durch hochauflösendes MRT in Kombination mit PET. Doch um technische Details geht es mir hier nicht, sondern darum, dass es prinzipiell möglich wäre. Daher wäre es auch prinzipiell möglich, den Geist eines Menschen einschließlich seines Bewusstseins und Selbstbewusstseins auf einen wie auch immer gearteten, aber identisch verschalteten Informationsspeicher abzubilden. Damit wären Nahins »Nachfolge-Objekte auf der Anderen Seite« keine irreale Fiktion, sondern durchaus möglich. Würden darüber hinaus künstliche Sinnesorgane für so einen geistigen Download den Input liefern und der geistige Output in Aktuatoren, wie etwa künstliche Arme und Beine, umsetzbar sein – und auch dem steht selbst nach heutigem Stand der Technik nichts im Wege –, dann könnte man wohl mit Fug und Recht von einer Reinkarnation der ursprünglichen Person in anderer Form reden.

SIND KLONE UNS EBENBÜRTIG?

Um klarzumachen, was dies bedeutet, stellen Sie sich vor, Ihr Geist würde derart kopiert. Diese Kopie würde genauso empfinden und denken wie Sie. Sie hätte dieselbe Erinnerung an die Vergangenheit und dieselben Emotionen wie Sie. Sie wäre aber nicht Sie! Ihre Kopie wäre ein eigenständiges Individuum. Genauso wie zwei eineiige Zwillinge eigenständige Individuen sind, trotz identischer Gene. Sie wüssten also lediglich, dass Ihre Kopie gleiches Denken und Gefühle hat, aber als anderes Individuum eigenes und mit der Zeit anderes Bewusstsein und vor allem anderes Selbstbewusstsein. Genetische Identität sagt überhaupt nichts über Individualität und Selbstbewusstsein. Außerdem macht es uns die Natur mit eineiigen Zwillingen vor.

Eine ganz andere, nämlich ethische Frage ist, ob der Mensch über seine technische Fähigkeit hinaus andere Menschen klonen darf. Ich persönlich halte menschliche Klone wegen der gewährleisteten Individualität und des Selbstbewusstseins prinzipiell nicht für verwerflich. Aus kulturhistorischen Gründen befürworte ich es trotzdem nicht.

Was aber spricht ethisch dagegen, wenn sich ein Mensch selbst klont? Beim biologischen Klonen könnte man noch Bedenken haben. Aber was spräche wirklich gegen Klonen durch Download? Und wer könnte das kontrollieren? Ein Mausklick, und schon ist es passiert! Ist erst einmal das menschliche neuronale Netzwerk gescannt – die mit Abstand aufwendigste Arbeit –, sind ruckzuck innerhalb von Minuten beliebig viele Downloads möglich. Welche gesellschaftlichen Rechte hätten die digitalen Klone? Müsste man ihnen nicht dieselben Bürgerrechte zugestehen wie den biologischen Originalen? Alles andere wäre doch nur Kohlenstoff-Chauvinismus. Oder?

KLONE MIT ODER OHNE SEELE?

Ob solche »Nachfolge-Objekte auf der Anderen Seite« eine Seele hätten, ist eine noch ganz andere Frage. Auch hier müsste man erst einmal den Begriff »Seele« klären. Ich vermute, dabei gäbe es Probleme, nicht nur weil der Begriff »Seele« sehr vage ist, wie Sie aus meinen beiden vorhergehenden Artikeln wissen, sondern vor allem weil vorab zu klären wäre, ob es die Seele überhaupt gibt. Diejenigen Leser, die wohl wie die meisten von uns der Meinung sind, es gäbe zwar eine Seele, die aber beim Download nicht mitkopiert würde, empfehle ich in Anlehnung an Päpstin Maria I., folgende Situation zu erwägen: Jemand begeht zunächst einen grausamen Mord. Danach begeht er Selbstmord und lädt sich im selben Augenblick ohne Seele auf einen Chip herunter, um von der Anderen Seite zu erfahren, wie seine Seele im Feuer ewiger Verdammnis gequält wird.

BEEINFLUSSEN UNS DIE **HIMMELSKÖRPER**?

8

Welchen Einfluss üben die Planeten und
Monde tatsächlich auf uns aus?

In meinem Artikel *Das Leib-Seele-Problem – Die Ursprünge* (→ Seite 37 ff.) hatte ich beschrieben, wie aus der antiken Unwissenheit und Verwunderung, warum sich Lebewesen stetig bewegen können, der Glaube an die Astrologie entstand, also der Glaube an die Bewegungsübertragung von den Planeten und dem Mond auf den Menschen. Nachdem wir heutzutage die biologischen und physikalischen Prinzipien von Bewegung verstehen, wäre Astrologie zwar obsolet, aber man könnte sich fragen, ob Planeten uns anderweitig irgendwie beeinflussen und somit vielleicht unser Schicksal bestimmen.

WIE UNS MONDLICHT BEEINFLUSST

Es gibt einen gewissen Einfluss des Mondes auf das Leben auf der Erde, das ist unbestritten. Der Menstruationszyklus der Frau von etwa 29 Tagen hat evolutionsbiologisch sicherlich etwas mit dem Mondzyklus zu tun, also dem synodischen Monat von 29,53 Tagen, obwohl er nicht mit den Mondphasen synchronisiert, sonst hätten alle Frauen an demselben Tag ihre Menstruation. Auch weiß man, dass das Wachstum bestimmter Pflanzen, wie die Mohrrübe, von der Mondphase leicht abhängt und Tiere, wie der Regenwurm, ihren Tagesrhythmus danach ausrichten. Andererseits geht der Einfluss nicht so weit, dass, wie oft behauptet wird, bei Vollmond mehr Kinder geboren werden oder mehr Unfälle oder Gewalttaten auftreten. Das ist durch Statistiken widerlegt. Die beobachteten Einflüsse basieren außerdem auf dem wechselnden Mondlicht und nicht auf irgendwelchen Krafteinflüssen.

DIE SCHWERKRAFT DES MONDES

Diese Krafteinflüsse, etwa die Schwerkraft, sind zwar existent, aber so gering, dass sie keinen Einfluss haben können. Das wollen wir uns einmal genauer ansehen. Wie groß ist der Schwerkrafteinfluss des Mondes auf unseren Kreislauf, das Blut? Nehmen wir einen Kubikzentimeter Blut. Dieser Kubikzentimeter wird mit genau 33 milliardstel Newton (das ist die unter Normalbürgern etwas unbekannte physikalische Einheit für eine Kraft und entspricht der Erdgravitationskraft von 3,3 millionstel Gramm) vom Mond angezogen. Das bedeutet Folgendes: Nehmen wir an, wir befinden uns nachts draußen im Freien, und der Mond steht genau über uns. Dann wird der Kubikzentimeter Blut durch die Erdanziehung mit einem Gramm zur Erde hin und mit 3,3 millionstel Gramm zum Mond hin angezogen. Man kann also sagen, der Einfluss des Mondes ist etwa ein millionstel Mal so groß wie der der Erde. Mit anderen Worten, der Mond bringt unser Blut nicht gerade in Wallung.

All diejenigen, die nun meinen, dieser gravitative Einfluss auf uns wäre also nicht exakt null und daher nicht ganz auszuschließen, sollten wissen, dass uns auf der Erde andere Kräfte mehr beeinflussen als das Millionstel des Mondes. Ein Beispiel: Durch die Drehung der Erde wird am Äquator durch die Zentrifugalkraft dieses Gramm Blut um 22 millionstel Newton (gleich 2,2 tausendstel Gramm) nach oben hin angehoben. Das heißt, die Zentrifugalkraft ist dort tausendmal stärker als die Gravitationskraft des Mondes, wenn er direkt über uns steht. Da die Zentrifugalkraft stark vom Breitengrad abhängt (sie ist maximal am Äquator und null an den Polen), warum gibt es dann kein Horoskop, das unser Wohl und Wehe von unserem Aufenthaltsort auf der Erde abhängig macht?

BEEINFLUSSEN UNS ANDERE HIMMELSKÖRPER?

Wie verhält es sich mit der Anziehungskraft anderer Himmelskörper wie der Planeten auf uns Menschen? Denn die haben schließlich auch Einflüsse auf uns Menschen, so die Astrologie. Sie sind weit weniger einflussreich als der Mond. Einen hundertfach schwächeren Einfluss als der Mond haben Jupiter und Venus (in günstigster Konstellation zur Erde). Tausendfach schwächer ist Saturn und zehntausendfach schwächer ist die Venus in ungünstigster und Mars und Merkur in günstigster Konstellation. Uranus und Neptun sind wie Mars und Merkur in deren ungünstigsten Konstellation hundertausendmal schwächer. Und Pluto, in der Astrologie die Ursache archaischer, instinkthafter Lebenskraft, ist das Schlusslicht mit einem milliardenfach schwächeren Einfluss. Wie soll da die Astrologie realistisch funktionieren? Weil allein die Worte: *»Die Planeten haben einen Einfluss* *auf uns Menschen« etwas* Mystisches an sich haben. Deswegen ist es so wunderbar, daran zu glauben, obwohl viele andere Einflüsse auf der Erde den Einfluss der Planeten überdecken. Jeder Mensch, der uns auf der Straße begegnet, und jedes Auto, das an uns vorüberfährt, beeinflusst uns mit seiner Anziehungskraft mehr als Uranus oder Neptun. Sollte es dann in den Horoskopen nicht eher lauten: Stellen Sie sich heute für fünf Minuten an eine Hauptverkehrsstraße, und Sie werden Glück in Beruf und Liebe finden!?

WARUM DANN MEERESGEZEITEN?

Bleibt die Frage, warum es Gezeiten gibt, wenn der Einfluss des Mondes so gering ist. Grob gesprochen, die Ozeane enthalten verdammt viel Wasser. Ein Millionstel davon ist immer noch sehr viel, und nur dieses Millionstel ist es, was wir als große Ebbe und Flut sehen. Vom All aus gesehen ist dieses millionstel Ebbe und Flut so minimal, dass man es überhaupt nicht sehen kann, womit die Relationen wieder stimmen. Umgekehrt, wäre der Tropfen Wasser / Blut ein runder Tropfen und ich ein kleiner Mensch darauf, kaum größer als ein Wassermolekül, dann würde ich die minimale Verschiebung des Blutstropfens durch den Einfluss des Mondes ebenfalls als Ebbe und Flut sehen. Weil wir Menschen aber viel größer sind und praktisch »wie aus dem All« auf den Blutstropfen sehen, können wir diese minimalen Einflüsse nicht sehen, womit auch hier die Relationen wieder stimmen.

LÄSST SICH **ZUKUNFT** VORHERSAGEN?

9

Ist die Zukunft vorbestimmt, lediglich Schicksal, das wir über uns ergehen lassen müssen, oder ist sie völlig unbestimmt?

Die alten Griechen in der Antike hatten eine ziemlich genaue Vorstellung von der Zukunft. Denn gemäß Platon (ca. 428 v. Chr. – 348 v. Chr.) wird sich die Welt irgendwann identisch wiederholen. So, wie die Planeten zyklisch um die Sonne kreisen, genau so werden sich alle Ereignisse exakt und unendlich oft wiederholen, und somit wird jeder irgendwann auch wiedergeboren. Diese ewige identische Wiederkehr nannte er »anakuklesis«.

Obwohl die Christen viele Ideen von Platon übernommen haben (tatsächlich finden sich die grundlegenden Vorstellungen der biblischen Genesis in Platons Dialogschrift *Timaios*), setzten sie

Platons ewigen Wiederkehr eine eigene Vorstellung entgegen. Die Zeit sei streng linear, meinten sie. Geburt, Leben, Tod, Auferstehung, ewiges Leben. Die Existenz sei wie ein Lichtstrahl: ein Anfang ohne Ende. Keine Wiederholung, nichts. Dass wir leben und irgendwann sterben, ist für uns jedoch eher trivial. Was jeden von uns interessiert, ist doch vielmehr: Was passiert morgen – mit mir? Eine ganzer Berufsstand lebt von diesem unseren Bedürfnis: Hellseher, Wahrsager, Astrologen, und sie können offensichtlich seit Jahrhunderten gut davon leben.

KLASSISCHER DETERMINISMUS

Natürlich interessiert sich ebenso die moderne Wissenschaft für dieses Thema und glaubte im 18. Jahrhundert auch, eine perfekte Antwort gefunden zu haben: Die Zukunft ist exakt berechenbar – vorausgesetzt, es gibt eine Intelligenz, die den genauen Zustand aller Dinge in der Welt kennt und alle auf sie einwirkenden Kräfte. Einer solchen Intelligenz, die der berühmte Mathematiker und Astronom Pierre-Simon Laplace (1749–1827) »Dämon« nannte und die seither unter dem Begriff »Laplacescher Dämon« bekannt wurde, *»wäre nichts ungewiss, Zukunft und Vergangenheit lägen klar vor ihren Augen«*, so Laplace. Laplaces Vision basierte auf Erkenntnissen von Isaac Newton (1643–1727). Der hatte ein halbes Jahrhundert vor ihm eine Art Weltformel gefunden. Die Bewegungen, die durch Einwirkung von Kräften auf Dinge ausgelöst werden, konnte er erstmals in exakten mathematischen Differentialgleichungen darstellen. Da man Differentialgleichungen im Prinzip lösen kann, sollte man die Welt, ließe sie sich in Differentialgleichungen schreiben (was im Prinzip möglich ist), vorhersagen, samt all ihren Details.

Die Idee der Berechenbarkeit der Zukunft war geboren. Man nannte diese Möglichkeit »Determinismus«. Die Grundidee ist einfach. Alles, was passiert, hat eine Ursache, und wenn die genaue Beziehung zwischen Ursache und ihrer Wirkung bekannt ist (eben die Newtonsche Gleichungen), dann lässt sich alles berechnen, wenn man alle Ursachen kennt. Voilà, man bestimme die Lage aller Dinge in unserer Welt und messe die Kräfte auf sie, nehme einen großen Rechner, löse damit die Differentialgleichungen von Newton, und schon wissen wir, welche Lottozahlen am kommenden Samstag gezogen werden. Na, der Aufwand lohnt sich sicherlich!

ZUKUNFT PER WELTFORMEL

Aber irgendwo muss es dabei wohl einen Haken geben, denn sonst würden die Lotto-Jackpots reihenweise von Computerfachleuten geknackt. Trotzdem hat die Idee einer Weltformel die Wissenschaftler nicht mehr losgelassen. Stephen Hawking (1942–2018), Inbegriff des Triumphes des Geistes über den Körper und Starautor des Bestsellers *Eine kurze Geschichte der Zeit*, soll im Jahr 1999 gesagt haben: Für ihn sei das größte Ziel, die Weltformel zu finden, und: *»Wir haben eine 50:50-Chance, in 20 Jahren eine solche Theorie zu finden.«*

Wenn einer das geschafft hätte, dann wohl Hawking. Aber selbst er hat es nicht geschafft. Bis zu seinem Tod im März 2018 konnte er nicht einmal ansatzweise eine Weltformel vorlegen. Warum? Nun, Hawking ist nicht der Erste, der sich in neuerer Zeit die Weltformel zum Ziel setzte. Bei dem Versuch, die Minimalbeschreibung der Welt konkret in eine Formel zu gießen, war der deutsche Physiker Werner Heisenberg (1901–1976) in den 50er-Jahren schneller, obwohl sein Versuch, den damaligen Elementarteilchenzoo aus einer einzigen Feldgleichung abzuleiten, den Namen »Weltformel« eigentlich nicht verdient. Trotzdem wurde er mit diesem Versuch berühmt.

Was ist nun eigentlich die Weltformel? Sie steht für das, was die Physiker auch TOE, Theory of Everything, nennen, und das trifft die Sache besser: eine Theorie, die alles und allzeitig beschreibt, die Zukunft, das Heute und die Vergangenheit. Dabei mogeln die Physiker kräftig. Denn erstens wird, wenn sie tatsächlich eine solche Theorie gefunden haben sollten, die Weltformel vermutlich einen ganzen Satz von Formeln, ähnlich wie die Maxwell'schen Gleichungen der Elektrodynamik, darstellen, die der Normalbürger eh nicht versteht. (Obwohl man den Erfindungsreichtum der Physiker nicht unterschätzen sollte. Die erfinden glatt wieder irgendeine neue Schreibweise, die dann wirklich nur noch Hawking verstanden hätte und deswegen wahrscheinlich nach ihm benannt würde, und schon steht doch nur eine einzige Gleichung da.)

GRENZEN DER WELTFORMEL

Und zweitens wird diese Theorie natürlich nicht alles beschreiben, was in unserer Welt so passiert. Das kann keine Formel, und das wird daher auch keine Formel. Deswegen halte ich den Begriff »Weltformel« auch für zu unseriös im Munde von Wissenschaftlern, noch dazu weil sie selbst sehr gut wissen, was ich hier sage, ohne es allzu offen zuzugeben. Hand aufs Herz: Hätten wir wirklich geglaubt, man könnte mit einer Weltformel im Nachhinein begründen, warum Hitler an die Macht kam? Würde man wirklich mit ihr die Lottozahlen von morgen voraussagen können? Nichts dergleichen wird sie können. Schlimmer noch, aus ihr wird man nicht einmal einfache Dinge ableiten können, weder ob Ribéry beim nächsten Bayern-Spiel ein Tor schießt noch ob Sie morgen von einem Auto überfahren werden noch ob ich Frauentausch auch im nächsten Jahr auf RTL II ertragen muss noch ob es Außerirdische gibt, gab oder geben wird; warum es genau diese unsere Planeten im Sonnensystem gibt und nicht mehr oder weniger und warum es uns gibt. Sie wird nicht einmal einfachste Vorhersagen machen können, wie etwa die, ob mein Butterbrot beim nächsten Mal, wenn es vom Tisch fällt, wieder auf die Marmeladenseite fällt (wahrscheinlich) oder ob ich bei »Mensch ärgere dich nicht!« eine Sechs würfle, wenn ich sie ganz dringend brauche (wahrscheinlich nicht).

Warum wird das eine Weltformel nie leisten? Nehmen wir einmal an, die Physiker würden irgendwann eine Formel finden, die tatsächlich alle Verhältnisse in unserer Welt beschreibt. Selbst das reichte nicht aus, alles in unserer Welt zu erklären. Warum? Dafür gibt es zwei Gründe. Erstens, eine Weltformel beschreibt, wie sich die Welt ausgehend von irgendwelchen Anfangswerten weiterentwickelt. Für eine Vorhersage mit einer Weltformel müsste man also zuallererst die Anfangswerte aller relevanten Teilchen exakt kennen. Daran kam bereits Laplace nicht vorbei, der dafür seinen Dämon beschäftigte. Dabei steht »Anfang« nicht unbedingt für den Anfang dieser Welt, sondern für den Zustand unserer Welt zu irgendeinem Zeitpunkt, den man als Anfang einer weiteren Entwicklung nimmt. Genau nur diese weitere Entwicklung würde die Weltformel beschreiben können. Oder rückwärts in die Vergangenheit, denn interessanterweise ließe sich mit so einer Weltformel sowohl vorwärts- als auch rückwärtsrechnen.

PROBLEM ZUSTANDSBESTIMMUNG

Die Bestimmung der Anfangswerte ist also absolut unabhängig von der Anwendung der Weltformel auf sie, und entweder man kennt sie, oder man kennt sie nicht. Natürlich kennen wir sie heutzutage nicht. Um diese Information für die Entwicklung unseres Universums zu bekommen, müssten wir nämlich im Prinzip die Positionen und Geschwindigkeiten aller 10^{80} Elementarteilchen in unserem Universum zu einem bestimmten Zeitpunkt einzeln exakt bestimmen. Dazu bräuchte man wahrhaft einen Dämon. Ich möchte das Anfangswertproblem einmal in der Sprache der Physiker formulieren: Wir müssten den Zustandsvektor unseres Universums im quantenmechanisch diskretisierten $6 \cdot 10^{80}$-dimensionalen Hilbertraum exakt bestimmen. Wenn man bedenkt, dass diese 10^{80} Elementarteilchen im Prinzip $10^{10^{123}}$ Gesamtkonfigurationen einnehmen können – dies besagt jedenfalls das sogenannte Bekenstein-Limit der Quantenphysik –, dann müssten wir von dieser wahrhaft gigantischen Anzahl von möglichen Zuständen genau die eine tatsächlich eingenommene bestimmen. $10^{10^{123}}$, das ist eine Eins mit 10^{123} Nullen und damit die größte physikalisch sinnvolle Zahl überhaupt! Würde man die Zahl ausschreiben, also 1.000.000..., dann würde die Zahl 10^{117} Bücher mit durchschnittlich 300 DIN-A4-Seiten füllen. Würde man all diese Bücher kompakt zusammenstellen, dann würden sie nicht nur unser gesamtes sichtbares Universum ausfüllen, sondern man bräuchte dazu sogar 10^{36} Universen. Wäre jedes dieser Universen nur einen Kubikmillimeter groß, dann entsprächen diese 10^{36} Universen einem Würfel mit einer Million Kilometer Kantenlänge, also etwa so viel, wie ein Autofahrer in seinem ganzen Leben fährt. Alle diese Universen wären mit Büchern vollgestopft, dessen erstes eine Eins und alle anderen lauter Nullen enthielten! Unter so vielen Zuständen müsste man also einmal genau den existierenden Weltzustand bestimmen. Selbst wenn man nur das Verhalten eines Menschen exakt bestimmen wollte, müsste man die $10^{10^{45}}$ Quantenzustände eines Menschen kennen und berechnen. Immer noch eine Aufgabe, die wir wohl nie schaffen werden.

PROBLEM DATENSPEICHERUNG

Selbst wenn wir es schaffen würden, den Zustand unseres Universums zu einem Zeitpunkt komplett zu bestimmen, könnten wir unsere Zukunft nicht berechnen. Womit wir zum zweiten Grund kommen. Denn jeder mögliche Zustand wäre ein Punkt im $6 \cdot 10^{80}$-dimensionalen Hilbertraum, und die Weltformel ist dann nur der Entwicklungsoperator im Hilbertraum, der die Fortentwicklung dieses einmal so bestimmten konkreten Zustandspunktes unseres Universums weiter beschreibt. Um das zu tun, müssten wir den Weltzustand informationstechnisch speichern, um ihn dann mit der Weltformel zu bearbeiten. Der Weltzustand ist in den weitaus größten Bereichen unseres Universums aber unordentlich, und wir wissen, dass diese Unordnung zunimmt. Die algorithmische Informationstheorie besagt nun, dass die Information, die notwendig ist, um Unordnung zu beschreiben, maximal ist. Das bedeutet, dass je mehr Informationsbits zur Beschreibung eines Zustandes notwendig sind, desto unordentlicher ist er. Ein wohl geordneter Haufen Apfelsinen auf dem Wochenmarkt lässt sich in wenigen Worten genau beschreiben als ein wild gestapelter Haufen. Daraus folgt, dass sich der in großen Bereichen unordentliche Weltzustand als einer von möglichen $10^{10^{123}}$ nicht wesentlich einfacher darstellen lässt als durch $10^{10^{123}}$ Bits. Oder, um es etwas anders zu formulieren: Nur die Welt ist groß genug, um die ganze Welt zu beschreiben. Wir bräuchten also einen Rechner mit einer Speicherkapazität von ebendiesen $10^{10^{123}}$ Bits, also einen Speicher, so groß wie die Welt selbst, um ihre Zukunft zu berechnen. Der Einzige, der daran glaubt, dass es jemals so einen Rechner geben wird, ist der renommierte Physiker Frank Tipler, der in seinem Buch *Die Physik der Unsterblichkeit* beschreibt, wie in der irrwitzig kurzen Zeitspanne von nur $1/10^{10^{123}}$ Sekunden vor dem Ende unserer Welt, dem Omega-Punkt, vielleicht genau so ein Rechner geschaffen werden könnte – verdammt spät, wie ich meine. Am Ende seines Buches gibt er jedoch zu, dass auch er nicht wirklich daran glaubt. Kein Wunder, denn da der Rechner Teil der Welt ist, ist das allein logisch unmöglich.

DIE ZUKUNFT IST PRINZIPIELL NICHT BESTIMMBAR

Außer diesen beiden Gründen, die die Machbarkeit der Berechnung unterminieren, gibt es ein noch überzeugenderes Argument, warum wir unsere Zukunft nie wissen werden. Es ist die quantenmechanische Unschärfe verbunden mit dem in unserer Welt inhärenten Chaos. Die Heisenbergsche Unschärferelation besagt, dass wir gewisse Informationen, wie etwa den Anfangszustand, nie exakt bestimmen können und dass diese Informationsunschärfe überall und immer wieder neu und unkontrollierbar aufkommt. Es war einer der wenigen Irrtümer Einsteins, als er sagte: »Gott würfelt nicht«, denn genau das tut Er. Schlimmer noch, die allgegenwärtigen Chaoseigenschaften in unserem Universum verstärken solche minimalen Unschärfen unkontrollierbar und exponentiell, bis einige von ihnen zu makroskopisch dominierenden Größen werden. So entwickelt sich beispielsweise unvorhersehbar, irgendwann und irgendwo aus dem berühmten Flügelschlag eines Schmetterlings in den Tropenwäldern ein Hurrikan im Atlantik. Kurzfristig lassen sich also nicht allzu komplexe Vorgänge durchaus mit klassischem Determinismus vorhersagen (so arbeitet der Wetterdienst), aber je weiter wir in die Zukunft blicken wollen, umso unschärfer wird unser Blick wegen der sich verstärkenden zufälligen Ereignisse. Komplexe Vorgänge, sogenanntes deterministisches Chaos, wie etwa der Wurf eines Würfels, lassen sich nicht einmal kurzfristig vorhersagen. Manche Wissenschaftler glauben sogar – und da schließe ich mich ein –, dass diese Verquickung zwischen quantenmechanischer Fluktuationen und chaotischer Verstärkung der Ursprung des menschlichen freien Willens ist. Doch das ist bislang unbewiesen. Wenn es also mikroskopischen Zufall in unserer Welt gibt und dieser durch Prozesse sogar zu makroskopischen Zuständen führen kann, dann ist unsere Welt natürlich prinzipiell nicht berechenbar und wird es nie sein, egal wie gut unsere Computer sein werden. Unserer Welt ist in ihrem Kern definitiv nicht deterministisch, wie Laplace es glaubte.

UND NOCH ’N HAKEN

Es gibt da noch einen Haken mit der Weltformel. Dazu möchte ich den deutschen Physiker Bernd-Olaf Küppers, bis 2009 Professor für Naturphilosophie in Jena, zitieren: *»Im Rahmen der algorithmischen Informationstheorie gibt es einen strengen mathematischen Beweis für die Behauptung, dass wir niemals wissen können, ob wir im Besitz der Minimalformel sind, mit der sich alle Phänomene der realen Welt beschreiben lassen. Die Abgeschlossenheit naturwissenschaftlicher Theorien ist aus prinzipiellen Gründen nicht beweisbar.«* Mit anderen Worten, wir werden nie, ich betone NIE, wissen, ob die Weltformel von Laplace, Heisenberg, Hawking und allen, die da noch kommen werden, wirklich die ultimative Weltformel ist.

Trotzdem machen die Physiker immer weiter. Wirklich eine Sisyphusarbeit, die die da machen.

SIND **ZUFÄLLE** NUR VERKAPPTE **SCHICKSALE**?

10

Unser Leben ist kein Zufall, sondern Schicksal – sagt unser Selbstbewusstsein.

In dem Artikel *Unser Universum – Wie für uns gemacht?* meines Buches *Im Schwarzen Loch ist der Teufel los* hatte ich gezeigt, wie empfindlich unsere Existenz von den genauen Kraftkonstanten der vier Grundkräfte in unserem Universum abhängt. Würden sie nur wenige Prozent davon abweichen, würde unser Universum ganz anders aussehen. Kein menschliches Leben wäre dann mehr möglich. Eine grobe Überschlagsrechnung zeigte, dass die Wahrscheinlichkeit, dass die Kraftkonstanten unter allen im Prinzip möglichen genau diese Werte annehmen, extrem klein ist. Auf mindestens 1000 Millionen Millionen Universen mit beliebigen Kraftkonstanten käme nur eines mit genau diesem Wert, das dann prinzipiell höheres Leben hervorbringen kann.

ZIVILISATIONEN SIND RAR, ABER DOCH HÄUFIG!

Entwickelt sich in einem Universum, das wie unseres die richtigen Kraftkonstanten hat, immer und überall intelligentes Leben? Anders gefragt: Wie viele intelligente Zivilisationen gibt es in einem Universum, das Leben grundsätzlich zulässt? 50 Jahre erfolglose Suche nach außerirdischen Botschaften deutet darauf hin, dass unsere Milchstraße wohl kaum Tausende von intelligenten Zivilisationen beherbergt. Es ist wohl eher andersherum. Gemäß der Seltene-Erde-Hypothese gibt es so viele wichtige Voraussetzungen für die Entstehung von intelligentem Leben, dass es in unserer Milchstraße wahrscheinlich nur einmal aufgetreten ist – nämlich auf der Erde. Ich bin nicht nur von der Seltenen-Erde-Hypothese überzeugt, sondern habe selbst in meinem Buch *Zivilisationen im All – Sind wir allein im Universum?* gezeigt, dass es wohl kaum mehr als eine Handvoll Zivilisationen in unserer Milchstraße gibt. Obwohl es also 100 Milliarden Sterne und weit mehr Planeten in unserer Milchstraße gibt, ist wahrscheinlich nur auf einem von ihnen intelligentes Leben entstanden – und auf genau diesem einen leben wir!?

Andererseits verlangt die gnadenlose Logik eines unendlich (oder fast unendlich) großen Universums, in dem wir leben, dass die Existenz einer Zivilisation, nämlich der unseren, sehr, sehr viel bedingt (siehe den Artikel *Wir sind nicht allein!* meines Buches *Im Schwarzen Loch ist der Teufel los*). Wir sind also zwar wahrscheinlich die Einzigen in unserer Milchstraße, aber dort draußen in anderen Galaxien gibt es wahrscheinlich sehr, sehr viele, wenn nicht sogar unendlich viele. Diese Situation, von der ich glaube, dass es genau so ist, ist im Einklang mit der Erfahrung, dass wir bisher keine Nachrichten Außerirdischer empfangen haben, und bedeutet auch, dass wir nie welche empfangen werden (siehe den Artikel *Warum wir nie mit Außerirdischen kommunizieren werden* im selben Buch), weil die Energien zur Erzeugung solcher Nachrichten und die Dauer der Übertragung sämtliche sinnvollen Grenzen überschreiten.

NOCH MEHR ZUFALL

Nehmen wir nun an, kurz nach der Entstehung unserer Erde hätte der Protoplanet Theia die Erde nicht getroffen und daher unseren Mond nicht erzeugt, sondern wäre knapp an ihm vorbeigeflogen, was sogar viel, viel wahrscheinlicher gewesen wäre. Dann hätte es keinen so großen Mond gegeben, der die Erdachse stabilisiert, und dann wären die klimatischen Schwankungen über die Jahrtausende so groß gewesen, dass es heute, so die Evolutionsbiologen, wohl kein höheres Leben auf der Erde geben würde. Also, eine klein wenig andere Bahn von Theia – und wir wären nicht da! Zivilisationen auf anderen Galaxien, um solche Zufälle des Lebens wissend, würden dann wohl sagen: »Nun, dann gibt es eben kein Leben in der Milchstraße. Was macht das schon bei den vielen, vielen anderen?« Da hätten sie recht. Nur weil wir zufälligerweise doch da sind und wir uns mit unserem Wissen dieser Zufälle bewusst sind, können wir uns darüber wundern, dass Theia eingeschlagen ist und wir deswegen existieren.

Sich zu wundern, ist also einerseits eine Konsequenz des Wissens um seltene Ereignisse und andererseits, und das ist der Knackpunkt, eine Konsequenz unseres Selbstbewusstseins. Wir nehmen unsere Existenz als selbstverständlich, eigentlich als absolut notwendig an und interpretieren unsere Welt um uns herum so, dass diese für unsere eher zufällige Existenz hinreichend und nicht nur notwendig ist. Mit anderen Worten, wir können uns eine Welt ohne uns nicht vorstellen und glauben daher, dass alles so kommen musste, wie es kam. Alles war ein großes

Schicksal, und bei so vielen unglaublichen Schicksalen muss es jemanden geben, der sie gelenkt hat.

DIE UNDENKBARKEIT UNSERES NICHTSEINS

Die Unvorstellbarkeit unseres eigenen Seins ist so dominierend, dass Generationen von Philosophen sich dem Thema widmeten und seit dem Altertum jede abendländische Religion das Weiterleben nach dem Tod prophezeit. Denn nur das können wir uns vorstellen. Dass es uns nicht mehr geben soll, ist uns unvorstellbar. Dabei ist die Sache ganz einfach: Erinnern Sie sich an die Zeit vor Ihrer Geburt? Erinnern Sie sich daran, was davor war? Nein? Haben Sie das Gefühl, vor Ihrer Geburt war eine Art dunkles Nichts, was Sie aber nicht beunruhigt, weil es Sie jetzt nicht mehr betrifft? Ist es so? Nun, dann wissen Sie auch, wie es nach Ihrem Tod wahrscheinlich sein wird: Einfach nichts, selbst wenn es für Sie nicht denkbar ist. Dass wir es uns nicht denken können, ist zwar ein menschliches, aber kein logisches Problem, denn wenn wir nicht mehr sind, können wir nicht mehr denken (genauso, wie wir vor unserer Geburt nicht denken konnten) – und damit löst sich das Problem des undenkbaren »Ich soll nicht mehr da sein?« in Wohlgefallen auf.

Ein anderes Beispiel. Hätte Ihre Mutter nicht Ihren Vater, sondern ihre erste große Liebe geheiratet, dann gäbe es Sie nicht, und Sie hätten nicht das Problem, dass Sie sich nicht vorstellen können, dass es Sie nicht gibt. Genauso wenig wie derjenige, der geboren worden wäre, wenn Ihre Mutter ihre erste Liebe geheiratet hätte, kein Problem damit hat, dass er nun doch nicht existiert.

Wir alle, jeder Einzelne von uns, ist so unbedeutend in dieser Welt wie eine Ameise im Ameisenstaat. Nur unser Selbstbewusstsein kann und will das nicht wahrhaben, weil es sich den eigenen Tod nicht vorstellen kann. Mehr noch, dieses Selbstbewusstsein wurde über Jahrtausende zur Besonderheit des Menschen hochstilisiert. (Wir wissen heute, dass das nicht stimmt. Gemäß dem Spiegeltest haben Kinder unter etwa drei Jahren kein Selbstbewusstsein, und erwachsene Schimpansen, Delphine und Elstern haben ein Selbstbewusstsein in welcher Form auch immer.) Und so glauben viele bis heute an den Menschen als Krone der Schöpfung und somit seine unausweichliche Existenz durch biologische Evolution. Dieses auf sich selbst zentrierte Denken des Menschen mit all seinen Folgen bezeichnet man als »Anthropozentismus« (griechisch »anthropos«, der Mensch).

Der Anthropozentrismus hat unser Denken bis heute beherrscht. Doch inzwischen dreht sich der Wind. Die Erkenntnis um die Rolle des Menschen im Universum wird heute in den Wissenschaften durch das konträre anthropische Prinzip bestimmt (siehe den Artikel *Das anthropische Prinzip* in meinem Buch *Im Schwarzen Loch ist der Teufel los*).

URKNALL UND UNENDLICHKEIT – **BIG BANG IM KOPF**

11

Wie passt logisch ein endlicher Urknall mit einem unendlich großen Universum zusammen?
Die Antwort ist: Das passt eigentlich nicht zusammen. Man muss nur anders denken.

Es gibt Denkknoten in unserem Kopf, die lassen sich nur lösen, wenn man den eigenen Denkhorizont überschreitet und so einen anderen Denkstandpunkt einnimmt. Das hört sich einfach an, ist aber praktisch nicht durchführbar, da ja der Denkhorizont per definitionem die Grenze des persönlich Denkbaren ist. Man braucht die Hilfe anderer, um den Denkknoten zu lösen. Erst dann wird einem die Lösung klar, und man fragt sich dann manchmal, warum man nicht selbst darauf gekommen ist. Umgekehrt, wenn man einmal diesen anderen Denkstandpunkt eingenommen hat, fragt man sich danach oft, warum anderen dieses andere Denken nicht auch klar ist. Man muss sich dann wieder rückbesinnen auf das eigene Denken davor, um den Denkhaken der anderen zu verstehen.

WAS IST EINE SINGULARITÄT?

Warum erzähle ich Ihnen das? Weil mir genau das passierte, als mich ein Leser zu meinem Artikel über die Gestalt unseres Universums (siehe Artikel *Raumkurven – Wie sieht unser Universum aus?* in meinem Buch *Im Schwarzen Loch ist der Teufel los*) fragte: »Wie passt ein endlicher Urknall mit einem unendlich großen Universum zusammen?« Die Antwort ist halt: Man muss anders denken. Der Denkknackpunkt ist, eine Singularität eines kollabierten Universums ist nicht unbedingt endlich groß. Genauso wie der mathematische Ausdruck 0/0 ist er nämlich undefiniert. Um das zu verstehen, muss man sich die drei unterschiedlichen Gestalten unseres Universums genau anschauen. Unser Universum kann global negativ oder positiv gekrümmt oder gar nicht gekrümmt sein (sogenanntes flaches Universum). Ein global negativ gekrümmtes oder flaches Universum kann topologisch unendlich oder endlich groß sein, ein positiv gekrümmtes Universum kann nur endlich groß sein.

Nehmen wir an, unser Universum hat eine endliche Größe, ist also aus der Sicht eines Beobachters im 4+1-dimensionalen Raum (vier Raumdimensionen und eine Zeitdimension) ein in sich geschlossener, endloser Körper ohne Ecken und Kanten. Dann muss man sich den Urknall so vorstellen, dass zum Zeitpunkt null des Urknalls das Universum eine Singularität war, die bereits direkt danach die 3+1-Dimensionalität unseres Raumes aufwies. Dieser topologisch geschlossene, sehr kleine, endlich große Raum dehnte sich in der Inflationsphase gigantisch aus, ohne jedoch seine Form zu verändern.

GIBT ES EIN ÜBER-UNIVERSUM?

Wäre unser Universum topologisch unendlich groß (was nach heutigem Stand der Kosmologie durchaus möglich ist), dann wäre es bereits beim Urknall unendlich groß gewesen. Mit anderen Worten, wo anfangs noch nichts war, gab es im Moment des Urknalls ein unendlich ausgedehntes Universum. Um das besser zu verstehen, stellen Sie sich den Urknall eines 2+1-Universums in unserem 3+1-Universum vor. Vor unseren Augen würde eine unendlich dünne Fläche (eben oder krumm) aus dem Nichts erscheinen. Genau so wäre der Urknall unseres möglicherweise unendlich großen 3+1-Universums in einem 4+1-Universum möglich. Dabei ist jedoch wichtig zu wissen: Diese Analogie und somit unser Verständnis der Urknallsituation setzt die Existenz eines 4+1-Universums voraus. Mathematisch – und somit auch in der Realität – ist die Existenz eines übergeordneten 4+1-Universums für den Urknall eines unendlich großen Universums nicht notwendig. Es kann ein 4+1-Universum, in dem unser 3+1-Universum eingebettet ist, geben, muss es aber nicht. Wendet man das Rasiermesser von Ockham (siehe meinen Artikel *Ockhams Rasiermesser* weiter vorn auf Seite 19 ff.) an, dann ist es wahrscheinlich so, dass es kein 4+1-Über-Universum gibt.

WIE DEHNT SICH EIN UNENDLICH GROSSER RAUM AUS?

Nach diesem Urknall hätte sich der Raum während der Inflationsphase explosiv und danach langsam ausgedehnt. Der unendlich große Raum dehnte sich also weiter aus. Um sich das zu veranschaulichen, stelle man sich eine unendlich große Ebene aus Gummi vor. Wenn ich das Gummi erhitze, dehnt sich das Gummi aus und mit ihm die Galaxien, die darin ruhen. Eine unendlich große Ebene kann sich also ausdehnen und dabei größer werden und dabei trotzdem unverändert unendlich groß bleiben. Das ist die gnadenlose Logik von unendlich.

HALT'S MAUL!?

12

Kommentare von Laien sind nicht gut für die Wissenschaft. So jedenfalls sieht es das beliebte amerikanische Magazin *Popular Science* und schloss einfach seine Kommentarseiten. Aus gutem Grund.

Warum lesen immer mehr Menschen Artikel im Internet statt Wissenschaftsmagazine in Papierform? Sicherlich, weil Ersteres schneller geht, aktueller und meist kostengünstiger ist. Seit dem Jahr 2012 hat in den westlichen Ländern das Internet das Fernsehen als primäre Quelle für Wissenschaftsinformationen abgelöst. 46% aller Internetnutzer rufen täglich aktuelle Nachrichten aus dem Internet ab. Aber die informationsbedürftigen Menschen lesen nicht irgendetwas, sondern sie lesen besonders die Webseiten ihnen bekannter Wissenschaftsmagazine oder anderer seriöser Nachrichtenmagazine. Studien haben herausgefunden, dass Menschen, die sich mehr im Internet informieren, vor allem männliche, von Haus aus gebildeter und durch das Internet tatsächlich besser wissenschaftlich informiert sind. Das Ergebnis dieser Studien war aber auch, dass fast die Hälfte dieser internetaffinen Menschen auch die Leserkommentare auf solchen Seiten und auf Facebook und Wissenschaftblogs, wie etwa http://ResearchBlogging.org, liest, um sich noch weiter zu informieren. Eine neuere Studie vom Februar 2013 hat nun aber die Wissenschaftler aufgerüttelt, denn solche Kommentare und Blogs beeinflussen die Wahrnehmung wissenschaftlicher Ergebnisse deutlich, und das leider nicht zum Besten.

LURKER

Es geht dabei um die »Lurker«, die Herumschleicher, also diejenigen und somit die meisten von uns, die nicht mitposten oder anderweitig ihre Meinung äußern, sondern nur lesen, was die anderen so schreiben. Diese Lurker sind meist gar nicht an den Details einer neuen wissenschaftlichen Erkenntnis interessiert, sondern bevorzugen zum einfacheren Verständnis Heuristiken. Heuristiken sind beispielsweise Analogieschlüsse, wie etwa: »Benutzen Sie weiche Zahnbürsten, denn Sie wollen den Lack Ihres Autos ja auch nicht mit einer harten Waschbürste verkratzen!« Diese sind zwar meist eingängig, aber oft falsch. Doch wer will sich schon in die Niederungen der Dental-Wissenschaft begeben, nur um die richtige Zahnbürste für sich zu finden? Für diese Lurker ist es im Internet hingegen schwierig, sich gut zu informieren. Denn einerseits ist der Unterschied zwischen Nachrichten und Meinungen nicht immer klar erkennbar, und andererseits, und schlimmer noch, Blogs und Kommentare von Lesern machen sich gern solche Heuristiken unbedacht zunutze, in der Absicht, die Ergebnisse verständlicher zu machen.

WÜSTE BLOGS POLARISIEREN

Doch das Ziel der meisten Blogger und Kommentatoren ist gar nicht, zum objektiven Verständnis beizutragen, sondern andere von ihren eigenen Ideologien und Glaubenssätzen zu überzeugen. Um dies zu erreichen, bedienen sie sich nicht nur perfider suggestiver Heuristiken, sondern gehen wie alle Fanatiker auf Angriff über und benutzen kränkende oder beleidigende Aussagen. Wer kennt nicht wüste Aussagen wie »So idiotisch kann man doch nicht sein, nicht zu sehen, dass …«?

Die Studie vom Februar 2013 hat nun herausgefunden, dass solche Äußerungen bei Lurkern zwar Interesse wecken, aber das Vertrauen in den Artikel, um den es bei den Blogs und Kommentaren geht, verringern. Tatsächlich wird dadurch nicht nur die Meinung eines Lurkers zu dem Artikel negativ beeinflusst, sondern insgesamt zu dem gesamten Wissenschaftsgebiet, um das es dabei geht. Dies ist der Grund, warum sich beispielsweise und insbesondere in Deutschland Wissenschaftler und Öffentlichkeit auf dem Gebiet der Radioaktivität oder des Klimawandels unversöhnlich gegenüberstehen. Keiner hört wirklich auf die Fakten des anderen, sondern Polemisierung beherrscht hier wie dort die Blogs.

Das wichtigste Ergebnis der Studie ist aber, dass solche unqualifizierten Meinungen und Blogs die kontroversen Seiten nicht zusammenbringen, sondern im Gegenteil weiter polarisieren. Konkret wurde bei der Studie gezeigt, dass hinsichtlich der Nanotechnologie Befürworter noch überzeugter und ihre Gegner noch abweisender werden. Außerdem bestätigte die Studie das bekannte Vorurteil, dass alte Menschen und Frauen ängstlicher gegenüber neuen Techniken sind.

NOTBREMSE GEZOGEN

In Anbetracht dieser enttäuschenden Befunde tat das in den USA wirklich populäre *Popular Science Magazine* (www.popsci.com), das seit fast 150 Jahren die Öffentlichkeit in 45 Ländern populärwissenschaftlich informiert und dafür viele Preise gewonnen hat, einen gravierenden Schritt: Es schloss seine Seite für Kommentare (http://www.popsci.com/science/article/2013-09/why-were-shutting-our-comments), was nichts anderes bedeutet als »Halt's Maul, ihr schadet mit euren Beiträgen der Wissenschaft!«.

Dies ist wahrlich starker Tobak. Ich persönlich halte diesen Schritt zwar für grundsätzlich verständlich, jedoch für eine so große Zeitschrift für überzogen. Freie Meinungsäußerung ist in unserer Gesellschaft ein hohes Gut, das nur dann außer Kraft gesetzt werden sollte, wenn höhere Rechte beeinträchtigt werden, etwa wenn sie gezielt beleidigt. Dazu bedarf es jedoch eines Zensors, der die Kommentare und Blogs auf eigenen Seiten liest und kritisch nach festgelegten Regeln entfernt. Das ist ein Aufwand, den sich nur Betreiber großer Webseiten leisten können.

Außerdem halte ich die Wissenschaften für uns alle für viel zu wichtig, um sie den Wissenschaftlern allein zu überlassen. Wir alle lernen mehr von ihr, indem wir uns mit ihr in disziplinierter Form auseinandersetzen, als sie lediglich über uns ergehen zu lassen.

DIE **UHRMACHER-ANALOGIE**

13

Ist unser Universum gezielt durch Einfluss eines intelligenten Schöpfers entstanden? Die berühmte »Uhrmacher-Analogie« des Theologen William Paley (1743–1805) aus dem 18. Jahrhundert soll das beweisen.

Analogien sollte man grundsätzlich nicht trauen, selbst wenn sie noch so einfach und überzeugend klingen. Denn ob eine Analogie im Einzelfall zutrifft, ist tatsächlich schwer zu durchschauen. Dies trifft auch für die Uhrmacher-Analogie zu, deren suggestive Kraft bis heute viele Leute überzeugt, dass sie ein überzeugender Beweis für die Existenz Gottes sei.

Hier die Uhrmacher-Analogie des englischen Geistlichen William Paley in seinem Buch *Natürliche Theologie*: *»Jemand findet am Strand eine Uhr. Aus dem komplizierten Mechanismus schließt er,* *dass sie mit Absicht geschaffen wurde und dass daher die Uhr ihre Existenz einem Designer verdankt. Auch der Mensch, wie auch alle Tiere und Pflanzen, sind sehr komplizierte Wesen. Aus der Analogie mit der Uhr am Strand folgt, dass die Natur und insbesondere der Mensch mit Absicht von einem Gott geschaffen wurden.«*

AUSSAGENLOGIK

Klingt doch überzeugend! Was sollte daran falsch sein? Um das zu verstehen, müssen wir einen Abstecher in die Aussagenlogik (http://de.wikipedia.org/wiki/Aussagenlogik) machen. Sorry, da müssen wir jetzt durch, dafür verspreche ich, dass es auch jeder versteht. Außerdem ist die Aussagenlogik ein wirklich schönes Beispiel dafür, dass sich genaues Nachdenken lohnen kann. In der Aussagenlogik geht es um die Logik von Aussagen über Sachverhalte. Bei der Uhrmacher-Analogie konkret handelt es sich um die Übertragung eines Sachverhalts zwischen Uhrmacher und Uhr auf einen Sachverhalt zwischen Designer-Gott und komplizierten Wesen. Daher müssen wir zunächst die Richtigkeit des Sachverhalts zwischen Uhrmacher und Uhr prüfen und dann die Zulässigkeit der Übertragbarkeit (des Analogieschlusses).

Angenommen wir haben die zwei Sachverhalte, die ich A und B nennen möchte:

A: Es gibt einen intelligenten Uhrmacher.
B: Es gibt einen komplizierten Uhr-Mechanismus.

Eine offensichtlich richtige Aussage über die Beziehung zwischen den beiden lautet: Aus A folgt B (A → B). Also wenn es einen intelligenten Uhrmacher gibt, der eine Uhr bauen will, dann gibt es auch eine komplizierte Uhr.

UMKEHRSCHLÜSSE

Paley nimmt mit seiner Uhrmacher-Analogie jedoch implizit (also ohne es zu sagen) an, dass wegen A → B auch automatisch der Umkehrschluss B → A folgt, also wenn es eine komplizierte Uhr gibt, dann gibt es auch einen intelligenten Uhrmacher. Sind Umkehrschlüsse im Allgemeinen gültig? Um die allgemeine Gültigkeit eines Umkehrschlusses zu widerlegen, genügt logisch ein Gegenbeispiel. Hier ist eines:

Angenommen es gibt folgende Sachverhalte:

A1: Das Wesen ist eine Katze.
A2: Das Wesen ist ein Hund.
A3: Das Wesen ist ein Pferd.
B: Das Wesen hat vier Beine.

Nun gilt, wie jeder weiß, A1 → B, A2 → B, A3 → B. Aber nicht jeder Umkehrschluss B → A1, B → A2, B → A3 ist richtig, sondern höchstens, wenn überhaupt (es gibt noch viele andere vierbeinige Wesen), nur einer davon. Fazit: Ein Umkehrschluss kann, muss aber nicht richtig sein. Ein Umkehrschluss ist nur dann richtig, wenn es nur ein A gibt, für das B zutrifft. Dies ist bei dem Uhrmacher und der Uhr in der Tat der Fall. Jedenfalls gibt es auf der Erde keinen anderen Grund für die Existenz einer Uhr.

Falscher Analogieschluss

Aber jetzt kommt der Trugschluss in der Uhrmacher-Analogie: Sie beinhaltet ebenfalls implizit die Annahme, dass diese Eins-zu-eins-Beziehung auch auf einen Designer-Gott und komplizierte Wesen übertragen werden kann (dies ist der Analogieschluss) und daher sowohl aus der Existenz eines Designer-Gottes die Existenz komplizierter Wesen folgt als auch umgekehrt aus der

Existenz komplizierter Wesen die Existenz eines Designer-Gottes. Wie wir aber gesehen haben, ist der Umkehrschluss im Allgemeinen nicht zutreffend. Tatsächlich wissen wir seit Darwin, dass auch die biologische Evolution komplizierte Wesen hervorbringen kann. Anders ausgedrückt: Paleys Analogieschluss spricht zwar nicht gegen einen Designer-Gott, aber eben auch nicht für ihn. In diesem Sinne sind die beiden Fälle nicht analog zueinander (nicht hier wie dort eine Eins-zu-eins-Beziehung), und der Analogieschluss ist somit nicht zulässig.

GENAUES NACHDENKEN HILFT!

Es sind meist die impliziten Annahmen, die uns in die Irre leiten! Ein anderes Beispiel ist die ontologische Sinnfrage: »Was ist der Sinn des Lebens?« Seit Jahrhunderten grübeln Philosophen über diese Frage. Doch die implizite Annahme hinter der Frage lautet: »Es gibt einen Sinn des Lebens.« Die wohlformulierte Frage müsste also lauten: »Wenn es einen Sinn des Lebens gibt, wie lautet der?« Und sofort wird einem klar: Es kann, aber es muss keinen Sinn des Lebens geben. Es könnte sehr wohl sein, dass es uns ohne einen tieferen Sinn gibt! Was nicht bedeutet, dass unser Leben sinnlos ist, denn der ergibt sich aus der existenziellen Sinnfrage: »Was ist der Sinn im Leben?« Und diese ist subjektiver Natur, das heißt, jeder Mensch kann seinen eigenen Sinn im Leben finden.

Wie man sieht, lohnt sich manchmal genaues Denken. Es kann einem sogar den Sinn im Leben schenken, selbst dann, wenn es keinen Gott gibt.

ELEGANTER **UNSINN**

14

Wie uns alte und neue Bullshit-Generatoren narren.

Es geht mir hier um Bullshit, also unsinniges Gerede. Am 15. April 2016 stolperte ich in der Wochenzeitung *Die Zeit* über den interessanten Artikel *»Sag es einfach!«* des jungen Politikwissenschaftlers Yascha Mounk. Er legte den Finger auf die alte Wunde deutscher Sprachkultur, nämlich die Überzeugung, komplizierte Sätze seien klug. Daher wird den Schülern humanistischer Gymnasien bis heute eingebläut – wenn auch unbewusst –, schreibe komplizierte Sätze, um gute Noten zu bekommen, und lerne so, später im Leben Eindruck zu schinden.

Hier ein Beispiel von Hans Jonas in seinem Artikel »Die Freiheit des Bildens: Homo pictor und die differentia des Menschen« aus dem Jahr 1961. *»Nun besteht aber dieses Paradox der Sinneswahr-*

nehmung, daß die empfundene Affektivität ihrer Gebung, die für die Erfahrung der Wirklichkeit des Wirklichen nötig ist, indem sie diese in der Wirklichkeit des eigenen Affiziertseins bezeugt, zum Teil auch wieder aufgeben muß, um die Erfassung seiner Objektivität, seines Getrennt-für-sich-Bestehens zu erlauben.«

SAG ES KURZ UND KNAPP!

Im angelsächsischen Bildungssystem sei dies genau andersherum, so Mounk, der in den USA studierte und für die *New York Times* als freier Publizist arbeitet. Dort wird Studenten in Pflichtkursen eingebläut: kurze Sätze, einfache Worte, klare Zusammenhänge. Stimmt, da hat er recht. Genau das war auch meine Erfahrung, als ich in den 80er-Jahren selbst zwei Jahre an zwei US-Universitäten war und mit dieser ganz anderen Sprachkultur der Amerikaner konfrontiert wurde.

WAHR, FALSCH, UNSINN

Wirklich interessiert am Bullshit-Phänomen wurde ich aber erst im Jahr 1999, als ich das lesenswerte Buch *Eleganter Unsinn* von Alan Sokal und Jean Bricmont in die Hände bekam. Alan Sokal wurde bekannt als Auslöser der denkwürdigen Sokal-Affäre im Jahr 1996. In diesem Buch geht es darum, dass kunstvoll-elegante Sätze dennoch sinnlos sein können. Damit knüpften die beiden Autoren an das Wissensgebiet der Aussagenlogik an.

Die Aussagenlogik untersucht die Logik von Aussagen, insbesondere ob sie wahr oder falsch sind. Darum haben sich die Philosophen des Wiener Kreises Anfang des letzten Jahrhunderts verdient gemacht, allen voran Rudolf Carnap (1891–1970). Um zu entscheiden, ob ein Satz wahr oder falsch ist, bedarf es demnach nicht nur einer wohlgeformten Satz-Grammatik, sondern die mit dem Satz getätigte Aussage muss ebenfalls wohlgeformt sein. Ein Beispiel. Der Satz »Nachts ist es kälter als draußen« ist grammatikalisch wohlgeformt, nicht aber seine Aussage. Die Aussage ist einfach sinnlos. Daher unterschied Rudolf Carnap zwischen wahren, falschen und sinnlosen Aussagen. Diese Erkenntnis arbeitete Ludwig Wittgenstein in seinem berühmten Werk *Tractatus logico-philosophicus* weiter aus, wo er versuchte, Sprache in diesem Sinne analytisch einzusetzen, um so tiefgehende philosophische Erkenntnisse zu erlangen.

POSTSTRUKTURELLE PSEUDOWISSENSCHAFT

Sokals und Bricmonts Buch ist eine Sammlung und Analyse eleganter Sätze mit unsinnigen Aussagen, die zum Nachdenken anregen. Hier zwei Beispiele. Jacques Lacan (1901–1981) war ein französischer Psychoanalytiker und Poststrukturalist, dessen Werk besonders bei Geisteswissenschaftlern in Frankreich außerordentlich einflussreich war, vergleichbar etwa mit dem Einfluss Freuds in Deutschland. Lacan hatte darüber hinaus eine Vorliebe für mathematische Topologie. Er ging dabei so weit, dass er Anspruch auf psychoanalytische wie auch mathematische Gültigkeit seiner Texte erhob. Im folgenden Text setzt er die mathematische Topologie in Beziehung zur Psychoanalyse: *»In diesem Raum des Genießens etwas Begrenztes, Geschlossenes nehmen, das ist ein Ort, und davon zu sprechen, das ist die Topologie.«*[1] Mathematisch gesehen ist dieser Satz ein Witz, denn mathematischer Raum kann formal beschränkt und abgeschlossen sein, aber nicht begrenzt und geschlossen. Außerdem erklärt Lacan nirgendwo, in welcher Beziehung diese mathematischen Begriffe zur Psychoanalyse stehen – weshalb ist »Genießen« im topologischen Sinne als »Raum« zu betrachten? Den Anhängern von Lacan sind solche Wortspiele mit gebrochenem Satzbau hin-

1 Lacan, 1986: *Encore. Das Seminar. Buch X*, Quadriga, Berlin, 1972–1973, S. 13.

gegen heilig und dienen ihnen als Grundlage ehrfurchtsvoller Exegese.

In ähnlich pseudowissenschaftlichen, sinnlosen Jargon verfiel der Soziologe und Philosoph des Poststrukturalismus Jean Baudrillard (1929–2007): *»Unsere komplexen, metastatischen und virenverseuchten Systeme, die allein der exponentiellen Dimension (ganz gleich ob es sich um exponentielle Instabilität oder Stabilität handelt), der Exzentrizität und der unendlichen fraktalen Fortpflanzung durch Teilung ausgesetzt sind, können kein Ende mehr finden. Einem intensiven Metabolismus ausgesetzt, erschöpfen sie sich selbst und haben keine Bestimmung, kein Ende, keine Andersheit und keine Fatalität mehr.«*

WENN ELEGANTE WORTE KEINEN SINN ERGEBEN

Es bringt nichts, diese Sätze nochmals zu lesen, um sie zu verstehen. Obwohl elegant, sind sie einfach nur Unsinn, oder um es mit den Worten von Barack Obama zu formulieren: *»You can put lipstick on a pig. It's still a pig.«* Der Sinn solch elegant verpackter, aber schwer verständlicher Sätze ist, dass sie so als höhere Erkenntnis verkauft werden. Hier ein anderes, einfaches Beispiel. In einem Fernsehinterview auf ABC's Nightline im US-Fernsehen mit dem Titel »Hat Gott eine Zukunft?« definierte der bekannte Spiritualist und Quantenmystiker Deepak Chopra (geb. 1946) »Bewusstsein« folgendermaßen: *»Bewusstsein ist die Superposition von Möglichkeiten.«* Dies verleitete den Physiker Leonard Mlodinow (geb. 1954) aus dem Publikum zu der bemerkenswerten Antwort: *»Ich verstehe zwar jedes Ihrer Worte, jedoch verstehe ich nicht, was Sie sagen.«* Dies ist genau der Punkt der Erkenntnis. Eleganten Unsinn erkennt man daran, dass man zwar jedes einzelne Wort versteht, aber selbst nach mehrmaligem Lesen der Aussage seinen Sinn immer noch nicht versteht. Solch eleganten Unsinn bezeichnet man im Angelsächsischen als »Gibberish«, »Bafflegab«, »Bollocks« oder einfach nur als »Bullshit«.

Bullshit sollte nicht mit Lügen verwechselt werden. Ich denke, es wäre ungerecht, diese philosophischen Künstler einer Lüge zu bezichtigen, denn jemand, der lügt, kennt die Wahrheit. *»Ein Bullshitter hingegen kümmert sich nicht um die Wahrheit und versucht nur durch Verschleierung zu beeindrucken«*, so der Philosoph Harry Frankfurt (geb. 1929) in seinem US-Bestseller *On Bullshit*.

DER GURU-EFFEKT

Das Problem mit den Lacans und Chopras dieser Welt ist weniger der Bullshit, den sie verbreiten, als vielmehr der »Guru-Effekt«, wie der Psychologe Dan Sperber (geb. 1942) die Auswirkung solcher Personen auf die Zuhörer genannt hat. Viele Zuhörer denken nämlich kleinlaut: Wenn ein Guru so etwas sagt, dann muss da wohl etwas dran sein, und ich bin nur der geistige Fußgänger, der das nicht versteht.

Hier ein anderes Beispiel für den Guru-Effekt, diesmal vom »verehrwürdigten« deutschen Philosophen Martin Heidegger (1889–1976, die Länge seines Wikipedia-Eintrags unterstreicht seine Bedeutung in der Philosophie). Die abschließenden Worte seines berühmt gewordenen Marburger Vortrags im Jahr 1924 über den Begriff der Zeit lauteten: *»Zusammenfassend ist zu sagen: Zeit ist Dasein. Dasein ist meine Jeweiligkeit, und sie kann die Jeweiligkeit im Zukünftigen sein im Vorlaufen zum gewissen, aber unbestimmten Vorbei. Das Dasein ist immer in einer Weise seines möglichen Zeitlichseins. Das Dasein ist die Zeit, die Zeit ist zeitlich. Das Dasein ist nicht die Zeit, sondern die Zeitlichkeit. Die Grundaussage: die Zeit ist zeitlich, ist daher die eigentlichste Bestimmung.«* Geht es Ihnen auch so: Ich verstehe zwar jedes seiner Worte, jedoch verstehe ich nicht, was er sagt!

Der kritische deutsche Philosoph Ernst R. Sandvoss (geb. 1929) meinte zu diesen Worten von Heidegger in einem seiner Bücher: *»Einige Deutsche neigen offensichtlich dazu, Unverständlich-*

keit für Genialität und gespreiztes, elitäres Gerede für höhere Weisheit zu halten.« Nicht viel anders der deutsche Wissenschaftsphilosoph Hans Reichenbach (1891–1953): *»Dunkelheit von Sprache diente nur zu oft als Verkleidung einer Philosophie von Trivialitäten, verquickt mit Falschheit und Unsinn.«* Oder der wirklich bedeutende Philosoph Karl Popper: *»Wenn wir der Versuchung unterliegen, die Sprache zu eitlem Gerede zu missbrauchen, dann sind wir selbst schuld an der Verwirrung, die daraus entsteht.«*

KOSTPROBEN ALTER UND NEUER BULLSHIT-GENERATOREN

Bullshit mit wohlgeformter Grammatik kann jedes Schulkind, selbst Computer. Daher gibt es heutzutage sogenannte Bullshit-Generatoren im Internet, die beliebigen pseudotiefsinnigen Unsinn produzieren. Probieren Sie es selbst aus. Gehen Sie auf http://sebpearce.com/bullshit/ und klicken Sie einfach auf [Reionize Electrons]. Bei jedem Klick wird eleganter Unsinn produziert. Hier zwei Kostproben: *»Die Wissenschaft sagt uns heute, das Wesen der Natur ist das Sein.«* Oder: *»Wir heilen, wir wachsen, wir werden wiedergeboren.«*

Hier eine Bullshit-Kostprobe eines etwas älteren Generators (Georg Wilhelm Friedrich Hegel, *Die Phänomenologie des Geistes*, Kap. 3) darüber, was Elektrizität ist: *»Elektrizität ist der reine Zweck der Gestalt, die sich von ihr befreit; die Gestalt, die ihre Gleichgültigkeit aufzuheben anfängt, denn die Elektrizität ist das unmittelbare Hervortreten oder das noch nicht von der Gestalt herkommende noch durch sie bedingte Dasein oder noch nicht die Auflösung der Gestalt selbst, sondern der oberflächliche Prozeß, worin die Differenzen ihre Gestalt verlassen, aber sie zu ihrer Bedingung haben und noch nicht an ihnen selbstständig sind.«*

Bullshit gibt es auch in der Wissenschaft. Gewiefte Informatiker haben hier die Bullshit-Produktion voll automatisiert. Sie entwickelten das Computerprogramm SCIgen, dessen Fachartikel selbst gestandene Wissenschaftsjournale narrten.

WER GLAUBT DEN BULLSHIT?

Mit dem Output des obigen Sebpearce-Bullshit-Generators haben die Psychologen Pennycook und Mitarbeiter in vier Studien den Guru-Effekt an etwa 800 Personen untersucht. Das Ergebnis spiegelt unser Bildungssystem wider. Je höher der Intelligenzquotient und das analytische Denken der Testpersonen, umso skeptischer waren sie dem pseudotiefsinnigen Unsinn gegenüber. Umgekehrt waren Personen, die solchen Aussagen mehr zugeneigt waren, auch anfälliger für konspirative Ideen, waren religiöser und glaubten mehr an Übersinnliches, und sie befürworteten eher komplementäre und alternative Medizin.

DIE EITELKEIT IN UNS

Ich denke, die tiefere Ursache dieses Verhaltens ist unser kulturell bedingtes eitles Gehabe, das sich auch und gerade in unserer Sprache ausdrückt. Jeder, der seine höhere Bildung bekunden will, hat einen lateinischen Spruch auf Lager, und jeder, der den Spruch nicht versteht, hält lieber den Mund, statt sich zu outen. Im Sinne von Yascha Mounk sollten wir unsere Kinder zu einer klaren Sprache mit kurzen Sätzen, einfachen Worten mit klaren Zusammenhängen anleiten. Vor allem sollten wir selbst nicht der Koketterie der Worte erliegen.

Über allem thront aber stets ein gesundes Maß an Skepsis allem und jedem gegenüber. Diese Einstellung mahnte schon der mittelalterliche Theologe und Philosoph Johannes von Salisbury (1120–1180) an: »*Die Ehrfurcht vor antiken Autoren sollte niemand hindern, von seiner kritischen Vernunft Gebrauch zu machen.*«

Dies gilt auch für neuzeitliche Guru-Autoren.

DIE WISSENSCHAFT VON FRAUEN – **SEX GEGEN ESSEN**

15

Es heißt, Frauen seien komplizierte Wesen. Nein, es ist genau umgekehrt! Wenn man einmal verstanden hat, was sie biologisch treibt, dann sind sie eigentlich ziemlich einfach kalkulierbar.

Wir sind nicht Herr unserer selbst, sondern Sklaven unserer Gene. Dies ist eine wichtige biologische Erkenntnis der letzten 40 Jahre. Wir handeln ganz unbewusst so, dass das Überleben und die Vielfalt der Gene garantiert wird. Wer das einmal verstanden hat, hält den Schlüssel zum grundlegenden Verhalten der Frauen und Männer in der Hand. Ein Schuss persönlicher Erfahrung dazu, und die Frauen liegen vor einem wie ein offenes Buch. Gleich vorweg: Natürlich ist die Biologie nicht das Einzige, was uns antreibt, es gibt immer auch soziale oder emotionale Gründe. Aber die Biologie bildet meist die unbewusste Grundlage unseres Tuns. Ein entscheidender Punkt für ein gelungenes Miteinander ist, sich diese biologischen Mechanismen einmal bewusst zu machen.

SPERM IS CHEAP!

Leben heißt Überleben im Kampf ums Dasein. Das gilt auch für unsere Spezies Mensch. Daher sind unsere Gene seit jeher darauf aus, sich mit jeder neuen Generation optimal an die äußeren Bedingungen anzupassen. Evolutionsbiologisch lässt sich zeigen: Am besten und schnellsten geht dies, wenn es zu jeder Spezies zwei Geschlechter gibt, deren Gene sich nach der Verschmelzung des Spermas mit der Eizelle zu einer neuen Generation mischen. Bei Säugetieren, zu denen wir zählen, gibt es jedoch nur ein Geschlecht, das den großen biologischen Aufwand der Produktion und Aufzucht des Nachwuchses hauptsächlich trägt, nämlich die Frau.

Für den Mann hingegen ist der Aufwand der genetischen Reproduktion extrem gering, frei nach dem Motto »Sperm is cheap«. Aus biologischer Sicht ist der Mann also extrem einfach kalkulierbar. Er wird letztendlich immer versuchen, seine Spermien möglichst schnell und breit zu verteilen und den Aufwand an die Aufzucht des Nachwuchses auf ein Minimum zu beschränken. Das Minimum fällt gerade so hoch aus, dass der Nachwuchs sich seinerseits optimal reproduzieren kann. Dazu später mehr. Uns interessiert zunächst mehr der biologische Antrieb der Frauen.

VERSORGUNG UND SICHERHEIT SIND BEI FRAUEN TRUMPF

Wegen des Aufwandes einer Schwangerschaft und der Hauptlast der Aufzucht der Kinder ist die Frau bei der Wahl des Vaters dieser Kinder extrem wählerisch und vorsichtig: Schwangerschaft ja, aber nur mit einem Mann als Vater, der die Versorgung der Familie in dieser Aufzuchtzeit sicherstellt. Daraus ergibt sich die erste Verhaltensregel zwischen einer Partnerschaft mit dem Ziel der Reproduktion (was wir »Familie« nennen): Er will Sex, sie will dafür zuverlässige Versorgung und langfristige Sicherheit. Einfach ausgedrückt: Sex gegen Essen. Das möglichst schriftlich und unter Zeugen. Nichts anderes ist der Sinn und Zweck einer Hochzeit, nämlich das von Trauzeugen bezeugte Ja des Mannes zur Versorgung der Frau und der gemeinsamen Nachkommen. Damit wird klar, warum es heißt, die Hochzeit sei der Höhepunkt im Leben einer Frau, nicht der eines Mannes. Umgekehrt erwartet der Ehemann dafür von seiner Ehefrau sexuelle Treue. Wie wir gleich sehen werden, liegt das jedoch nicht in ihrem urbiologischen Interesse.

Wie geht Frau bei der Wahl ihres Lebenspartners vor? Sie muss zunächst erst einmal rein äußerlich abschätzen, ob er überhaupt das Zeug dazu hat, sprich Geld. Dazu gibt es gewisse einfache Merkmale. Ob Sie es nun wahrhaben wollen oder nicht, ein teures Auto beeindruckt dabei jede Frau, jeden Alters. Es gibt aber auch subtilere Merkmale, die einer Frau nicht entgehen. Etwa der Typ der Kreditkarte beim Zahlen des gemeinsamen Abendessens (die schwarze ist die beste) oder wie Mann angezogen ist. Es ist jedes Mal dasselbe: Wenn Frau einen Mann taxiert, wandert ihr Blick ruckzuck über den ganzen Körper des Mannes: gepflegte Schuhe (sehr wichtig!), legere Kleidung mit Stil (am besten ein Pullover von Loro Piana) und natürlich die Armbanduhr (es muss nicht gleich eine Rolex, aber sie sollte schon wertig sein). Das zusammen mit dem Auto, mit dem er vorfährt, um sie abzuholen, weckt das Interesse einer Frau oder, falls nicht ansprechend genug, auch nicht. Je älter Frauen werden, insbesondere die über 30, umso mehr machen Frauen genau das. Das klingt Ihnen alles zu platt? Glauben Sie mir, mindestens 80 % aller Frauen handeln intuitiv genau so.

AUCH DIE GENQUALITÄT MUSS STIMMEN

Es gibt aber noch ein treibendes Element, das bei Männern wie Frauen gleich ist: die Qualität der Gene. Nur gute Gene sind ein Garant für gesunde Nachkommen. Wie äußert sich Genqualität? Ganz einfach, Schönheit! Wissenschaftliche Studien haben gezeigt, dass wir alle äußeren Merkmale des anderen Geschlechts als schön empfinden, wenn sie auf gute Gene hinweisen. Aus diesem Grund finden wir symmetrische Gesichter und ein volles Haar schön. Denn jede Asymmetrie deutet auf eine vorausgegangene Krankheit oder falschen Wuchs hin und somit auf ein schlechtes Immunsystem und dadurch auf nicht optimale Gene; dies gilt insbesondere für die Kopfhaare bei Frauen. Schönheit bei Frauen ist meist auch ein Zeichen von Fruchtbarkeit. Volle Brust und ein Taille-zu-Hüfte-Verhältnis von 70 % sind nichts anderes als Merkmale optimaler Fruchtbarkeit. Umgekehrt deuten wohlproportionierte Muskeln, knackiger Po, großer Wuchs (= gesunde Ernährung) auf gute Gene des Mannes hin.

Fassen wir zusammen: Die Strategie des Mannes ist einfach: schneller Sex mit schönen Frauen; Sicherung des Nachwuchses nur so lange wie unbedingt notwendig. Die Strategie der Frau ist demgegenüber komplizierter. Schöne Männer sind zwar wichtig. Noch wichtiger ist aber die langfristige Absicherung der Versorgung und Sicherheit des Alltags und der Aufzucht der Kinder. Wie frau diese teilweise widersprüchlichen Anforderungen unter eine Decke kriegt, darüber im nächsten Artikel.

DIE WISSENSCHAFT VON FRAUEN – **EISPRUNG-BLACKOUT**

16

Frauen müssen bei der Auswahl ihres Partners eine Doppelstrategie fahren. Einerseits freiheitsliebende Adonis-Männer mit guten Genen, andererseits zuverlässige Familienväter. Wie machen sie das?

In meinem letzten Artikel hatte ich gezeigt, dass Männer ziemlich eindimensional agieren: Schneller Sex mit schönen Frauen garantiert optimale Verbreitung eigener Gene mit den guten Genen einer schönen Frau. Frauen hingegen haben die biologische Bürde der Schwangerschaft und der späteren Aufzucht der Kinder. Sie brauchen also fürsorgliche Familienväter, die nicht unbedingt schön sein müssen. Andererseits müssen Frauen aber auch für gute Gene ihrer Kinder sorgen. Dies sind, wie wir gleich sehen werden, widersprüchliche Anforderungen, die zu einer trickreichen Doppelstrategie bei Frauen führen und zu Handlungsweisen, die Männern nicht immer verständlich sind.

DIE SCHÖNE WELT DER HUBS

Am einfachsten haben es schöne Männer. Schauen Sie sich doch einfach bei einer Party mit vielen Singles um. Frauen umschwärmen schöne Männer, genauso wie Männer schöne Frauen umschwärmen. Ist er dazu noch groß, humorvoll, lässig, jedoch nicht nachlässig, gekleidet, hat er also Geschmack und gute Umgangsformen und sendet zusätzlich Signale aus, die auf hohen sozialen Status und Bildung (Chefarzt, Kunsthistoriker) schließen lassen, dann ist es mit den Frauen vorbei, sie fließen dahin. Solche Männer sind jedoch nicht blöd. Sie wissen sehr wohl um ihre Beliebtheit bei Frauen, denn die lassen ihre Zuneigung oft bereits seit der Pubertät durch entsprechende Komplimente erkennen. Die Lebensstrategie solcher Männer ist daher: oft wechselnde Beziehungen ohne feste Bindungen. Solche Männer heißen fachlich Hubs. »Hub« kommt aus dem Englischen und bedeutet verkehrstechnisch »Drehscheibe«. Ein Flughafen ist ein Hub, wenn viele Flugzeuge ihn anfliegen, dort kurz verweilen und danach zu einem anderen Ziel weiterfliegen. Frankfurt ist ein Hub, genauso wie George Clooney oder Hugh Grant.

Frauen wissen um die Unzuverlässigkeit von Hubs: »Schöne Männer gehören einem nicht allein«, heißt es. Hubs sagen von sich selbst, sie seien »freiheitsliebend«. Bei so einem Wort läuft es Frauen kalt den Rücken herunter. Das ist natürlich genau das Gegenteil von einem zuverlässigen Familienvater. Was also tun? Jetzt wird es interessant, denn die nun folgende Doppelstrategie ist tief in unseren Genen und somit Verhalten verankert, ohne dass Frauen sich dessen bewusst sind.

ZUVERLÄSSIGE FAMILIENVÄTER GEHEN VOR

Das absolut Wichtigste für Frauen sind zuverlässige Familienväter, die akzeptabel aussehen, also zwar nicht optimale, aber doch überproportional gute Gene haben. Sie sind vom Typ Prinz Willem-Alexander und werden zuerst weggeheiratet. So zumindest die Statistik. Sie besagt auch, dass verheiratete Männer am längsten leben. Nicht weil sie verheiratet sind, sondern weil ihre guten Gene ein gutes Immunsystem bedeuten und sie damit auch eine überproportional hohe Lebenserwartung haben. Da sie keine besonders schönen Männer sind, sind sie keine Hubs, und ihre Ehefrauen können sich ob dieser zuverlässigen Familienväter zu Recht freuen. Eine gute Wahl.

Tatsächlich orientieren sich Frauen bei der Auswahl der Männer auch an deren Körpergeruch – haben Tests gezeigt. Frauen bevorzugen Männer mit Körpergeruch, der dem der Männer vom eigenen Stamm, also Menschen mit nahen Genen, ähnelt. Diese Auswahl eines Mannes aus »eigenem Stamm« gibt die zusätzliche Sicherheit, dass er zuverlässig ist. Im Zweifel wählen daher Frauen auch Männer aus einer näheren Bekanntschaft als aus absolut unbekannten oder gar räumlich fernen Kreisen – wer weiß, wen frau sich da einhandelt?

EISPRUNG-BLACKOUT

Dieses Verhalten ändert sich aber schlagartig, wenn frau Eisprung hat. Plötzlich ist es dann genau andersherum. Frauen bevorzugen Körpergerüche, die so ganz anders sind als die eigenen und die auf mehr Testosteron, also Männlichkeit, und somit andere und gute Gene schließen lassen. Diese Änderung wird hervorgerufen durch einen Anstieg ihres Östrogen- und LH(luteinisierendes Hormon)-Spiegels. Als weitere Folge dieser Hormonänderungen bekommen Frauen große, glänzende Augen. Deswegen helfen

Frauen gern unbewusst nach, früher mit Belladonna (italienisch für »schöne Frau«), heutzutage Moderatorinnen mit Auflicht im Fernsehstudio, und senden typisch sexuelle Signale aus: mit den Händen durch die Haare fahren oder schüchterne, unterwürfige Blicke von der Seite. Es gibt Männer, die haben einen Blick für solche Signale – Hubs nämlich. Und genau die sind es, auf die Frauen im Eisprung aus sind.

Die Doppelstrategie der Frauen sieht also so aus: Heirate einerseits einen zuverlässigen Familienvater, und in der Eisprungphase lass dich von schönen Männer mit guten Genen verführen. Eisprung-Männer eben. Es ist interessant, dass ein solch verändertes Verhalten beim Eisprung den Frauen oft selbst gar nicht bewusst ist. Wenn »es« passiert ist, sind sie selbst am meisten davon überrascht, weil sie doch angeblich so treue Ehefrauen sind. Manche meinen kopfschüttelnd, ihr Verstand hätte einfach versagt, es wäre mit ihnen einfach durchgegangen. Nein! Die Natur hat einmal mehr über gesellschaftliches Wohlverhalten gesiegt und für eine absolut notwendige Durchmischung der Gene gesorgt. Nimmt man lediglich die bekannten Fälle, dann ist jedes 25. Kind ein Kuckuckskind. Man vermutet aber, dass fast jedes achte Kind in Deutschland ein Kuckuckskind ist.

WAS TUN MIT KUCKUCKSKINDERN?

Für einen düpierten Familienvater ist ein unterschlagenes Kuckuckskind natürlich das Schlimmste, was passieren kann. Denn erstens sind es nicht seine Gene, die hier verbreitet werden, und zweitens muss er noch Aufwand dafür treiben. Es ist daher in der Tierwelt nicht ungewöhnlich, dass Männchen die Nachkommen von Widersachern kurzerhand töten, was bei den Weibchen interessanterweise sofortige Fruchtbarkeit auslöst. Natur kann grausam sein.

Zum Glück geht es bei uns Menschen zivilisierter zu. Die Gesellschaft schützt in dieser Situation die Mütter, zu Recht. Bisher mussten Frauen die Herkunft ihrer Nachkommen nicht offenlegen, denn das Gemeinwohl, nämlich einen Nachkommen des eigenen Stammes (Genen) zu haben, war wichtiger als das Einzelwohl eines düpierten Vaters. Inzwischen hat sich das Blatt gewendet. Wenn es sich offensichtlich und nachweislich (Gentest) um ein Kuckuckskind handelt, braucht der düpierte Partner dafür nicht aufkommen, sondern die Gesellschaft tut es durch Sozialleistungen. Diese Lösung ist zwar besser für den düpierten Vater, jedoch schlechter für Mutter und Kind, denn erstens haben sie gesellschaftliche Schmach zu erleiden. Außerdem stehen sie danach oft allein da mit schlechteren Chancen einer zweiten Partnerschaft, und das Kind hat keinen fürsorglichen Vater mehr. Gesamtgesellschaftlich gesehen war die traditionelle Lösung zweifellos die bessere. Schlechter vielleicht für den vermeintlichen Vater (der darüber jedoch nicht unglücklich war, weil er nichts wusste), aber besser für die Frauen, die Kinder und die Gesellschaft.

SO ALT WERDEN **SIE**

17

Sie wollen wissen, wie alt Sie werden? Das kann man berechnen, und zwar ziemlich genau – für Männer genauer als für Frauen.

Wer möchte nicht wissen, wie alt man wird! Das lässt sich im Mittel relativ einfach und ziemlich gut ausrechnen! Denn alle Gefahren des Lebens wie etwa Autounfälle, Tod durch Krankheiten oder Lebensweise bilden für die Gesamtbevölkerung eines Landes eine erstaunlich vorhersagbare Sterberate, die sich in der sogenannten Sterbetafel niederschlägt. Sie wird für Deutsche alle paar Jahre vom Statistischen Bundesamt aktualisiert.

Der daraus meistbenutzte Wert ist die Lebenserwartung, das ist die durchschnittliche Lebensdauer eines Deutschen bei seiner

Geburt. Die beträgt aktuell 78 Jahre und zwei Monate für neugeborene Jungen und 83 Jahre und ein Monat für neugeborene Mädchen.

DIE DURCHSCHNITTLICHE LEBENSDAUER BESAGT GAR NICHTS

Damit wissen Sie aber nicht, wie alt Sie jetzt werden. Nehmen wir an, Sie sind männlich und feiern gerade Ihren 50. Geburtstag – ein Tag, an dem man sich typischerweise Gedanken über seine weitere Zukunft macht. Mit dem Glauben, dann habe ich noch 38 Jahre zu leben, lägen Sie ganz schön daneben. Warum? Weil Sie dabei nicht berücksichtigen, dass Sie, anders als ein Neugeborener, bereits 50 Jahre lang viele potenziell tödliche Risiken überlebt haben. Was uns also wirklich interessiert, ist die Frage: Wie lange lebe ich noch, nachdem ich bereits 50 Jahre todesfrei hinter mich gebracht habe? Diese sogenannte »bedingte Lebenserwartung« ist weit größer als 78,2 Jahre. Die Frage ist nur, wie groß ist sie?

Dazu muss man sich die Sterberate anschauen, also die relative Anzahl der Toten eines Jahrgangs. Im Folgenden benutze ich die Daten des Statistischen Bundesamtes. In der Abbildung sieht man die Sterberate bezogen auf jeweils 100.000 Personen eines Jahrgangs. Konkret, von 100.000 Männern im Alter von 50 Jahren sterben pro Jahr 366 Personen, das sind 0,366 %. Von allen 50-jährigen Frauen sterben übrigens nur 0,207 %. Weil im Altersbereich von 15 bis 100 Jahre durchgehend weniger Frauen als Männer sterben, gibt es im hohen Alter halt immer mehr Frauen als Männer, und daher leben sie im Schnitt auch fünf Jahre länger.

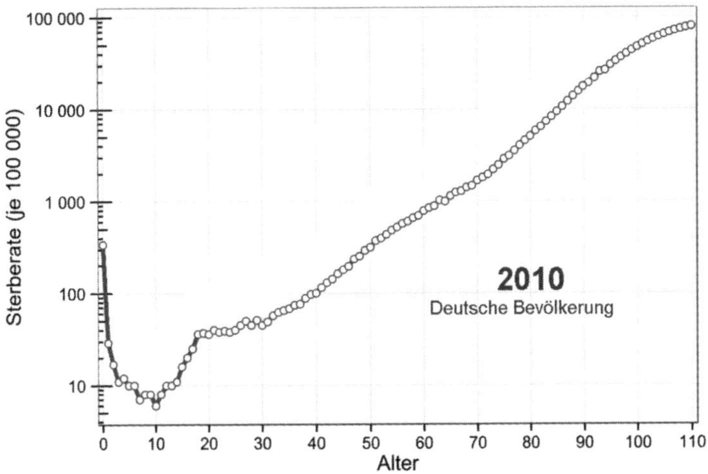

Die altersspezifische Sterberate, also Todesfälle pro 100.000 Personen gleichen Alters, der deutschen Bevölkerung (Männer und Frauen) im Jahr 2010. Die Rate zwischen 10 und 100 Jahren ist in dieser logarithmischen Darstellung in etwa eine Gerade. Die Abweichungen mit Knick nach oben zwischen dem 15. und 30. Lebensjahr wird hauptsächlich durch risikobereite junge Männer verursacht und der »Durchhänger« um das 70. Lebensjahr hauptsächlich durch Frauen, die in diesen Jahren weniger sterben als Männer. (Bild: Sven Drefahl, Creative Commons)

STERBEN ALS BADEWANNENKURVE

Die Sterberate ist ein typischer Fall der Badewannenkurve, die die Ausfallwahrscheinlichkeit praktisch aller »Hardwares« in unserer Welt recht gut beschreibt. Wenn ein neues »Produkt« auf den Markt kommt, etwa ein Auto, dann hat es Kinderkrankheiten und fällt gerade am Anfang manchmal aus. Nach kurzer Zeit sind die Kinderkrankheiten vorbei, und die Kiste läuft. Die Reparaturen und Ausfälle nehmen jedoch mit der Zeit stetig (genau genommen exponentiell) zu, sodass man ein Auto nach etwa 15 Jahren abschreiben kann. Bei Menschen ist es genauso. Die Kinderkrankheiten, aber auch Unachtsamkeit führen besonders in den ersten Lebensjahren nicht selten zum Tod. Wenn ein Kind zehn Jahre alt ist, ist die Sterberate mit 0,001 % am geringsten. Danach nimmt sie langsam zu.

Zwischen 15 und etwa 30 Jahren nimmt die Sterberate zunächst außergewöhnlich stark zu. Der Grund ist die hohe Risikobereitschaft insbesondere junger Männer in der Pubertät. Die Selbstmordattentate junger Männer, die zum IS überlaufen, und Motorradunfälle sind anschauliche Beispiele dafür. Wenn man einmal 30 Jahre alt geworden ist, dominieren Krankheiten als Todesursache, und zwar mit atemberaubender Gesetzmäßigkeit. Die Sterberate q(x) für Männer im Alter von x Jahren folgt dann ziemlich genau dem Exponentialgesetz

$$q(x) = 2,78 \cdot 10^{-5} e^{x/10.2} \text{ pro Jahr}$$

SO BERECHNEN MÄNNER IHRE RESTLICHE LEBENSERWARTUNG

Mit dieser Gesetzmäßigkeit ist die Berechnung der bedingten Lebenserwartung für Männer nicht mehr schwierig: Wenn mein jetziges Alter x_{Heute} ist, dann muss die Summe (genauer das Integral) über die Sterberate von heute bis zu meinem Todesalter x_{Tod} den Wert 1 haben, denn dann bin ich mit hundertprozentiger Wahrscheinlichkeit tot. Das Integral ist für Kenner leicht berechenbar und führt zu dem Ergebnis

$$x_{Tod} = 10,2 \cdot \ln\left(3526 + e^{x_{heute}/10.2}\right)$$

Dabei ist die Funktion ln der natürliche Logarithmus. So lässt sich nun das mittlere Todesalter für Männer über 30 Jahren bestimmen. Für einen Mann mit heute 50 Jahren lautet das Ergebnis beispielsweise

$$x_{Tod} = 10,2 \cdot \ln\left(3526 + e^{50/10.2}\right) = 83.7 \text{ Jahre}$$

Die Schwankungsbreite beträgt +3 Jahre und –4,5 Jahre. Mit anderen Worten, Sie mit 50 Jahren werden mit 68%iger Wahrscheinlichkeit zwischen 79,2 und 86,7 Jahre alt. Im Mittel sind das immerhin 5,5 Jahre mehr als die Lebenserwartung Neugeborener von 78,2 Jahren!

Und wie ist das nun mit den Frauen? Es ist halt wie so oft im Leben, Frauen sind schwer berechenbar. Ihre Sterberate folgt nicht durchgehend einem perfekten Exponentialgesetz. Frauen zwischen 30 und 70 Jahren haben zwar ein Exponentialgesetz, aber zwischen 70 und 90 Jahren ein leicht anderes. Das macht die Berechnung so schwierig.

SO WIRKT SICH DIE LEBENSWEISE AUF DAS ALTER AUS

Eines ist klar, die Abweichungen von obigen mittleren Werten können erheblich sein. Folgende Einflüsse verringern Ihr erwartetes Lebensalter, wenn Sie 50 sind, wie folgt:

Rauchen
Gewohnheitsraucher: –3 Jahre; starker Raucher: –6 Jahre.

Körpergewicht
Übergewicht (BMI = 30–35): –2 Jahre; starkes Übergewicht (BMI über 30): –5 Jahre. Zu dünn ist aber auch nichts. Schon bei Normalgewicht (BMI = 18–25): –1 Jahr; Untergewicht (BMI unter 18): –7 Jahre. Das optimale Lebensalter erreicht man bei leichtem Übergewicht (BMI = 25–30)!

Körperliche Bewegung
Statt normaler Bewegung (etwa regelmäßige Spaziergänge und Gymnastik) nur ab und zu ein Spaziergang: –9 Jahre; Couch-Potato: –11 Jahre! Aber regelmäßiger Vereinssport bringt +3 Jahre!

Alkoholkonsum
Anti-Alkoholiker: –1 Jahr; 1 Glas Alkohol täglich: perfekt!; 2 Gläser Alkohol täglich: –3 Jahre; 4 und mehr Gläser täglich: –7 Jahre.

VERHEIRATETE MÄNNER LEBEN LÄNGER! JA, ABER …

Und da gibt es noch die eigenartige Abhängigkeit von der Partnerschaft. Es ist statistisch erwiesen, verheiratete Männer leben im Schnitt um zwei Jahre länger! Daraus sollte mann aber nicht voreilige Schlüsse ziehen. Insbesondere nicht den, dass Ehefrauen das Leben ihrer Ehegatten verlängern. Ursache ist vielmehr die sogenannte Hintergrundvariable »gute Gene«. Männer mit guten Genen haben ein gutes Immunsystem, überstehen damit auch schwere Krankheiten besser und leben daher länger. Wegen ihres guten Immunsystems sind sie von Krankheiten weniger gezeichnet, sie haben kaum Narben und ein schönes, symmetrisches Gesicht. Diese gesundheitsbedingte Schönheit zieht Frauen magisch an. Sie heiraten solche Männer von der Stelle weg. Frauen sind einfach auf gute Gene programmiert. Männer übrigens auch, schöne Frauen sind bekanntlich ebenfalls sehr attraktiv.

Wie sagte der berühmte Biologe Richard Dawkins (geb. 1941) doch: *»Der Mensch ist ein Sklave seiner Gene.«* Manchmal ist es halt schön, Sklave zu sein!

DAS ENDE DER MENSCHHEIT, BERECHNET

18

Dies ist die fantastische, aber wahre Geschichte von der Berechnung des Endes unserer Menschheit. Die Geschichte geht so ...

Es war einmal im Jahr 1993, da erschien im anerkanntesten Wissenschaftsjournal der Welt, *Nature*, der Artikel eines Physikers namens John Richard Gott III (der heißt wirklich so!) mit dem Titel »Implications of the Copernican Principle for Our Future Prospects«.[2] Dieser Artikel hatte es in sich, denn er besagte, dass das Ende aller Dinge in der Welt berechenbar sei. Und er meinte wirklich ALLES, auch abstrakte Dinge, wie das Ende der Menschheit. Konkret: In 7,8 Millionen Jahren wird es

---

2 John Richard Gott III, 1993: Nature 363, S. 315–319.

mit uns, dem modernen Menschen, vorbei sein. Dazu legte er eine schlichte mathematische Berechnungsformel vor und zeigte mit relativ einfachen mathematischen Mitteln, dass sie wahr sein musste.

Natürlich gab es einen großen Aufstand unter den Wissenschaftlern. Die in der Literatur später als »Doomsday Argument« (Untergangs-Argument) bezeichnete Gottesformel (so nenne ich sie ab jetzt, aus offensichtlichen Gründen) könne gar nicht richtig sein, denn die Zukunft ist im Prinzip ungewiss, und deswegen ließe sich die Zukunft auch nicht berechnen. Also machten sich die Mathematiker auf, dem lieben Gott III das Gegenteil zu beweisen. Aber nachdem sie lange gerechnet und sich der Rauch gelegt hatte, stellten sie fest, der Kerl hatte recht – und die Gottesformel ist richtig!

Die Idee hinter der Gottesformel ist so genial einfach, dass man staunen muss, dass andere nicht schon früher darauf gekommen sind. Die Ableitung der Formel, was ich im Folgenden versuchen werde, mag auf den ersten Blick etwas kompliziert scheinen, aber wenn Sie sie mehrmals lesen und verstanden haben, werden Sie feststellen: »Das ist ja trivialer, als ich dachte!« Also, los geht's!

BERECHENBARKEIT DER EXISTENZDAUER UNIVERSELLER EREIGNISSE

Ausgangspunkt von Gotts Überlegungen ist das sogenannte Kopernikanische Prinzip, das eigentlich ein Axiom (also etwas letztendlich Unbeweisbares) ist. Es besagt: Kein Ding in der Welt, so auch wir, hat einen ausgezeichneten Standort oder Zeitpunkt inne. Oder andersherum ausgedrückt, jeder Standort und Zeitpunkt in unserem Universum sind gleichberechtigt. Dieses Kopernikanische Prinzip wurde bisher mit großem Erfolg auf kosmologische Untersuchungen des Universums angewendet, um etwa zu zeigen, dass in Verbindung mit dem Isotropie-Postulat unser Universum homogen ist. Daher gibt es keinen Wissenschaftler, der das Kopernikanische Prinzip bezweifelt.

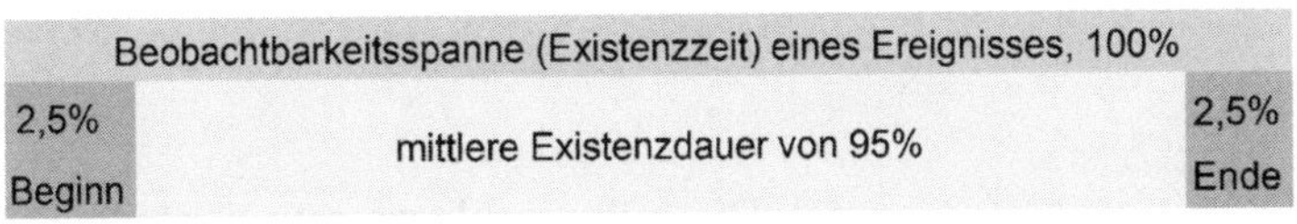

Die Unterteilung der Beobachtbarkeitsspanne eines Ereignisses in Beginn, mittlere Existenzdauer und Ende. Details siehe Text. (Bild: U. Walter)

Nehmen wir nun irgendetwas Beliebiges, das in unserem Universum existiert (ein Auto, Ihr Handy, ein Fußballspiel ...), und nennen es »Ereignis«. Gemäß dem Kopernikanischen Prinzip kann sich ein zufällig beobachtetes Ereignis am Anfang oder am Ende der Zeitspanne seiner Existenz (Beobachtbarkeitsspanne = Existenzspanne) oder irgendwo dazwischen befinden. Darauf aufbauend argumentiert Gott III nun so: Ist unsere Beobachtung des Ereignisses wirklich rein zufällig, dann ist es ziemlich unwahrscheinlich, es am Anfang in den ersten 2,5 % und genauso unwahrscheinlich, es am Ende in den letzten 2,5 % seiner Existenzzeit zu beobachten, nämlich jeweils mit 2,5 % Wahrscheinlichkeit. Aber mit 95 % ist es sehr wahrscheinlich irgendwo dazwischen zu finden. Was bedeutet das für die zukünftige Existenzdauer? Nun, wenn wir uns genau am Anfang der 95-%-Spanne befinden, sind 2,5 % = 1 / 40 bereits Vergangenheit und 39 / 40 noch Zukunft. In diesem Fall ist die zukünftige erwartete Existenzdauer das 39-Fache der vergangenen Existenzdauer, die wir durch die Beobachtung bestimmen können. Wenn wir uns umgekehrt genau am Ende der 95-%-Spanne befinden, liegt 1 / 39 seiner bis dahin verflossenen Existenz noch vor uns. Wenn wir irgendwo zwischen diesen beiden Extremen liegen, wird mit einer Wahrscheinlichkeit von $p = 95\,\%$ die zukünftige Existenzdauer, die ich *tf* nennen möchte, noch mindestens 1/39 und höchstens 39 der bisher beobachteten Existenzdauer, die *tp* heißen soll, betragen. Mathematisch ausgedrückt heißt das:

$$\frac{1}{39} t_p < t_f < 39 \cdot t_p \text{ , für } p = 95\%$$

Das ist die Gottesformel. Diese Formel kann man für beliebige *p* verallgemeinern. Da es aber unter Statistikern üblich ist, mit einem Vertrauensbereich von 95 % zu arbeiten, erspare ich uns das, und wir halten uns im Folgenden an diese »1/39 – 39«-Regel.

DAS ENDE DER MENSCHHEIT SPÄTESTENS IN 7,8 MILLIONEN JAHREN?

Was bedeutet das für die Menschheit, Homo sapiens? Wir wissen, Homo sapiens entstand vor etwa 200.000 Jahren in Afrika. Das Ende der Menschheit berechnet sich daher nach der Gottesformel zu 39 · 200.000 Jahre = 7,8 Millionen Jahre. Dann ist es mit uns vorbei – mit 95%iger Wahrscheinlichkeit. Daran gibt es nichts zu deuteln.

Diese Gewissheit ist jedoch kein Anlass zur Trauer. Im Gegenteil, die Logik hinter der Gottesformel gibt uns die Zuversicht für eine ungebrochene Zukunft der Menschheit, jedoch anders, als wir es uns denken. Schauen wir uns dazu das Doomsday-Argument von Gott III noch einmal genau an: »Homo sapiens wird mit 95 % Wahrscheinlichkeit höchstens noch 7,8 Millionen Jahre existieren.« Vor unseren Augen spielt sich dabei ein tragisches, unwiederbringliches Ende unserer Menschheit ab. Dies ist aber nicht die Aussage! Der Punkt ist lediglich, die Art (Spezies) Homo sapiens wird es dann nicht mehr geben. Das allein ist jedoch nicht tragisch. Denn Homo sapiens entsprang vor 200.000 Jahren aus Homo erectus, der vor etwa einer Million Jahren aus Homo habilis, der wiederum vor etwa drei Millionen Jahren aus Australopithecus, usw. Umgekehrt hat auch Homo sapiens eine Fortentwicklung erfahren. Seit erst etwa 40.000 Jahren gibt es den heutigen modernen Menschen, die Unterart (Subspezies) Homo sapiens sapiens. Die Entwicklung des Menschen befindet sich also seit ihren Ursprüngen stetig im Fluss. Das ist Evolution pur, und so wird es auch weiterhin sein.

Erst in diesem Licht lässt sich das Doomsday-Argument richtig verstehen. Anfang und Ende von Homo sapiens bedeuten lediglich die Existenzgrenzen *unserer* Spezies. Wir sind eine der vielen Ausprägungen, die die Gattung Homo erfahren hat und noch erfahren wird. Nach spätestens 39 · 40.000 Jahren = 1,6 Millionen Jahren wird es den modernen Menschen (Homo sapiens sapiens) nicht mehr geben, weil es durch die kontinuierliche Entwicklung angepasstere Nachfolger geben wird. Nach vielen Ausformungen wird auch die Spezies Homo sapiens nach weiteren 7,8 Millionen Jahren aus dem Universum geschieden sein und schließlich wird gar die Gattung Homo selbst nach spätestens 39 · 3 Millionen Jahren = 120 Millionen Jahren abgelöst werden, wie auch immer die aussehen mag.

Übrigens, die Gottesformel funktioniert immer und für alles. Probieren Sie es aus! Hier zwei Beispiele: Wie alt sind Sie? 30 Jahre? Dann leben Sie mit 95 % Wahrscheinlichkeit mindestens noch neun Monate, aber höchstens 1170 Jahre. Stimmt doch, oder? Wie lange sind Sie verheiratet? …

DIE MENSCHHEIT IST AM ENDE – MAL WIEDER

19

Eine NASA-Studie belegt, dass die industrielle Zivilisation kurz vor einem irreversiblen Kollaps steht. So stand es Ende März 2014 in den Medien weltweit. Was ist da dran?

Es gibt Dinge in der Welt, die sind unausrottbar. So gehört weltweit und insbesondere im Abendland der Glaube dazu, die Menschheit sei von Grund auf schlecht und wird sich daher früher oder später ihr eigenes Grab schaufeln.

WELTUNTERGANG – UND TÄGLICH GRÜSST DAS MURMELTIER

Es beginnt mit der Geburt: Da die Menschheit grundsätzlich böse ist, bekommt selbst ein Neugeborener, obwohl noch nichts

Böses getan, erst einmal die Erbsünde verpasst. Das ist so, als würde ein Vater seinem Sohn gleich morgens eine Ohrfeige verpassen mit dem Argument, irgendwas wird er heute sicherlich anstellen. Im späteren Leben werden die Menschen für ihre bösen Taten seit jeher mit dem Weltuntergang bestraft. Nur die Guten überleben. So überlebte Noah die Sintflut, und die Menschen von Sodom und Gomorra wurden von Gott ausgelöscht, weil sie dem Sittenverfall, dem fleischlichen Laster sexueller Exzesse, anheimgefallen waren.

Nur dem ganz großen Weltuntergang, Armageddon mit dem Jüngsten Gericht, dem entkommt keiner. Die Frage ist nur, wann kommt der? Martin Luther kündigte den Weltuntergang dreimal nacheinander an, nämlich für das Jahr 1532, dann für 1538 und schließlich für 1541, alles noch zu seinen Lebzeiten. Jahrtausendwenden sind für Untergangs-Prophezeiungen besonders beliebt. Laut Papst Sylvester II. sollte zu Mitternacht des 31. Dezember 999 die Welt untergehen. In Europa brach daraufhin eine Massenhysterie aus. Als unser aller Fernseh-Astrologin Elizabeth Teissier den Weltuntergang für den 31. Dezember 1999 vorhersagte, blieb die Massenhysterie zwar aus, aber viele sogenannte Doomsday Preppers bereiteten sich trotzdem darauf vor. National Geographic widmete ihnen sogar eine eigene Sendereihe. Ein Renner, weil so abgedreht, das hatte schon wieder Unterhaltungswert. Und letztmalig sollte am 21. Dezember 2012 Weltuntergang sein, weil da angeblich der Maya-Kalender endete. Hurra, wir leben noch!

WELTUNTERGANG – REIN WISSENSCHAFTLICH

Ein ganz großer Knaller war Anfang des letzten Jahrhunderts das Buch *Der Untergang des Abendlandes* mit bis heute etwa 250.000 verkauften Exemplaren, geschrieben von Oswald Spengler, einem »Kulturphilosophen«. Wenn so einer so etwas schreibt, dann wird das wohl seine Richtigkeit haben – dachten damals viele.

Einen wirklich großen Hit landete im Jahr 1972 das Ehepaar Meadows mit ihrer Studie »Die Grenzen des Wachstums«. Um die Entwicklung der Menschheit vorherzusagen, modellierten sie im Auftrag des renommierten Club of Rome mit ihrem World3-Modell unsere Erde durch ein komplexes Differentialgleichungssystem (das ist gute wissenschaftliche Praxis) mit Ressourcen (Rohstoffen) auf der einen Seite und den sie ausbeutenden Menschen auf der anderen Seite (das reicht jedoch nicht). Ihr Fazit: Weil in einer Welt mit endlichen Ressourcen auch das Wachstum endlich sein muss, ist der Untergang der Menschheit in spätestens 100 Jahren, also im Jahr 2072, besiegelt. Für diese scheinbar bahnbrechende Arbeit wurden sie von der Volkswagenstiftung mit einer Million Deutsche Mark finanziert. Diese Prophezeiung passte damals haargenau in das aufkeimende Umweltbewusstsein und verkaufte sich wie warme Semmeln: etwa zehn Millionen Exemplare. Wie Meadows später erklärten, hatten sie in ihrem Buch ganz bewusst keine einzige Formel benutzt, um die Verkaufszahlen nicht zu gefährden. Ihr zwei Jahre später erschienenes wissenschaftliches Buch *Dynamics of Growth in a Finite World,* das ihr World3-Modell mit vielen Formeln im Detail erklärte, war ein Flop (angeblich nur wenige Hundert Exemplare). Doch gerade dieses Buch war für die Wissenschaftler am nützlichsten, denn es erklärte genau, wie das World3-Modell wirklich funktionierte.

In seiner sehr lesenswerten Studie »Computersimulationen und das Schicksal der Menschheit« zeigte Brian Hayes vom *American Scientist* im Jahr 2013, dass trotz der Komplexität des World3-Modells mit etwa 150 miteinander verknüpften Gleichungen das Modell eigentlich Beliebiges prognostizieren kann. Der Grund: Die Gleichungen enthalten 400 Welt-Konstanten (also Konstanten, die Verhältnisse auf der Erde beschreiben), die wir nicht genau kennen können. Ein Beispiel: Wie groß ist die Konstante für den Zeitverzug bei der Wirkung von Gesundheitsaufwendungen auf die Lebenserwartung? Wie stark wirkt sich überhaupt jeder Euro Gesundheitsaufwendung auf unsere Lebenserwartung aus? Jede dieser 400 Konstanten musste von Meadows geschätzt werden. Und jeder, der schon einmal Differentialgleichungen gelöst hat, weiß, wie selbst kleine Änderungen von Konstanten gigantische Auswirkungen haben können. Dies gilt insbesondere in einem sogenannten »deterministisch-chaotischen System« wie unserer Gesellschaft, in der etwa kleine Anlässe große Kriege auslösen können. Das Fazit von Hayes (in meinen Worten): Shit in, Shit out. Das bedeutet nicht, dass die Prognose, die Menschheit würde irgendwann wieder schrumpfen, falsch ist. Wir wissen bereits heute, dass es um das Jahr 2050 so sein wird. Aber der Grund sind nicht die ausgebeuteten Ressourcen, sondern das sich ändernde Sozialverhalten der Menschheit mit zunehmendem Wohlstand weltweit.

WISSENSCHAFT UNTER DER GÜRTELLINIE

40 Jahre später, Anfang 2014, machte Safa Motesharrei, Doktorand an der School of Public Policy der University of Maryland, seine Promotion am National Socio-Environmental Synthesis Center (SESYNC) in Annapolis. Statt sich darüber Gedanken zu machen, wie man die Konstanten im World3-Modell besser bestimmen könnte, nahm er einfach die zwei Lotka-Volterra-Gleichungen aus dem Jahr 1925/26, die in einfachster und teilweise sogar erfolgreicher Weise die Populationsdynamik einer tierischen Räuber-Beute-Beziehung, etwa Füchse und Hasen, beschreiben, und erweiterte sie in seinem Weltmodell, das er HANDY nannte, auf vier Gleichungen: zwei für die Beute »Natur« und Räuber »Mensch« und zwei weitere für die Beute »Arbeiter in unserer Gesellschaft« und Räuber »nichts tuende Elite«. Letztere sind

laut Motesharrei Studenten, Rentner, Behinderte, Intellektuelle, Manager und »andere nicht produktive Bereiche«.

Das in den sozialen Medien viel beachtete Ergebnis seiner Modellierung mit nur mehr zehn Konstanten (die er nur grob schätzen konnte und deshalb damit herumspielte) lautete: Nur in einer Welt ohne Eliten bleibt die Welt stabil. In einer Welt, in der Arbeiter und Eliten die Ressourcen im gleichen und moderaten Maße ausrauben, kann die Welt gerade noch so überleben; und in einer Welt, wie der unseren, wo die Elite die Ressourcen 10- oder 100-mal mehr als die Arbeiter ausbeutet, kommt es unweigerlich zum Kollaps der Gesellschaft. Als historische Beispiele nannte er unter anderen das Römische Reich, die Mayas und die Assyrer. Nimmt man den gegenwärtigen Stand unserer Gesellschaft, dann bricht die arbeitende Klasse in etwa 100 Jahren zusammen, während die Elite wegen ihrer bis dahin angehäuften Reichtümer die Arbeiter um etwa 50 Jahre überlebt. Dann ist es mit denen auch vorbei – totaler Kollaps eben. So einfach kann menschliche Geschichte sein. Was soll ich dazu sagen? »Shit in, Shit out« wäre für dieses Modell noch schmeichelhaft.

DER HYPE NIMMT SEINEN LAUF

Aber dann ging es erst richtig los. Ein Weltaufklärer namens Nafee Zahmed griff diese »Studie« auf und schrieb erstmals am 14.3.2014 einen Blog mit dem Titel »Nasa-funded study: Industrial civilisation headed for ›irreversible collapse‹?« auf den Internetseiten der renommierten Zeitung *The Guardian*. Fünf Stunden später hieß es bereits »NASA: Industrial civilization headed for ›irreversible collapse‹«. Von da an dauerte es nicht mehr lange, bis sich die Nachricht über Internet-News weltweit verbreitete. Dabei spielten die Medien Stille Post. Aus »Nasa-funded« beziehungsweise »NASA:« wurde »NASA-Studie«, und der Student Safa Motesharrei wurde zum gestandenen Wissenschaftler erklärt. Dazu soll Motesharreis Veröffentlichung angeblich in einer Zeitschrift des renommierten Elsevier Verlags erscheinen (Nachforschungen gingen in dieser Richtung leer aus). Mit so viel Renommee ist die Sensation perfekt. »Studie der NASA – Die Menschheit ist am Ende« heißt es nun fünf Tage später, und wer es immer noch nicht glauben wollte, der sah sich einem original NASA-Foto gegenüber, das die Erde bei Nacht darstellte.

Da nützte es dann auch nichts mehr, als die NASA am 20.3.2014 in ihrem offiziellen Release beteuert, dass sie mit der Studie von Motesharrei nichts zu tun hat. Auf Anfrage bei der NASA, was nun »Nasa-funded« gewesen sei, antwortete die NASA: *»Im Jahr 2010 finanzierte die NASA ein kleines Pilotprojekt an der Universität von Maryland, um ein Klima-Simulationsmodell für den Einsatz an der Universität anzupassen. In einer Nebenstudie, von weniger als etwa $30.000, wurde das Klimamodell mit einem Bevölkerungs-Modell gekoppelt. Das resultierende HANDY-Modell ist ein vereinfachtes Modell der Mensch-Klima-Wechselwirkungen.«* Selbst diese Antwort übertrieb noch den NASA-Beitrag, denn das HANDY-Modell beinhaltete, wie beschrieben, überhaupt nichts vom NASA-Klimamodell.

DER NÄCHSTE WELTUNTERGANG KOMMT BESTIMMT!

Ein bisschen Shit-Wissenschaft hier, ein bisschen falsches Renommee dort und dann noch Stille Post der Medien, das macht den perfekten Internet-Hype aus. Und wenn das Ganze noch in die beliebte Kerbe »Der Mensch ist von Grund auf böse und verdient damit seinen Untergang« schlägt, dann ist der Erfolg garantiert. Denn dieses Denken scheint in den Genen der Menschen einfach angelegt.

Deswegen können wir uns sicher sein, der nächste Weltuntergang kommt bestimmt!

IST DER **KLIMAWANDEL** MENSCHENGEMACHT?

20

Wie wahrscheinlich ist es, dass die Erderwärmung tatsächlich Folge der Menschentätigkeit ist und nicht Koinzidenz anderer Einflüsse?

Klimawandel, ein heikles Thema in unserer Gesellschaft. Wie immer man es auch betrachtet, es hat stets einen ideologischen Anstrich. Da gibt es auf der einen Seite die Mea-Culpa-Gläubigen. Der Mensch ist natürlich und immer an allem schuld, besonders was unsere Umwelt betrifft. Wehe dem, der das bezweifelt. Auf der anderen Seite die Kopf-in-den-Sand-Stecker, die Klimawandel nur für einen Hype halten, der bald vorbeigeht. Also aussitzen. Beide Seiten stehen sich unversöhnlich gegenüber. Es reicht, wenn die eine Seite kurz aus der Deckung kommt, sofort wird von der anderen Seite scharf geschossen, ohne Rücksicht auf Wahrheit und Verluste. Da sind wir gnadenlos. So ist das beim Klimawandel, bei Kernkraft und Gentechnik.

IST CO_2 DIE URSACHE?

An sich, so könnte man denken, bräuchte man ja nur die wissenschaftliche Faktenlage sichten und damit die Ursache herausfinden. Aber so funktioniert Wissenschaft leider nicht. Sie kann aus Fakten keine wahren Ursachen ableiten, sondern nur falsche ausschließen (Poppers Falsifikationismus in der Wissenschaftstheorie). Das Problem dabei ist Folgendes: Wie kann ich von irgendeiner Beobachtung B (hier: Die weltweiten Temperaturen sind in den vergangenen 110 Jahren um etwa 0,8 °C angestiegen) auf die Ursache A schließen?

Die Antwort lautet: Selbst wenn ich eine Ursache A kenne, etwa erhöhte CO_2-Konzentrationen in der Atmosphäre, also A → B, folgt nicht notwendigerweise aus B auch A, also B → A. Dieses grundsätzliche logische Problem hatte ich bereits in meinem Artikel weiter vorn, der Uhrmacher-Analogie (→ Seite 83 ff.), genau beschrieben. Danach folgt aus der möglichen Existenz eines allmächtigen Gottes (A), dass es eine von ihm wunderbar gestaltete Natur geben kann (B), also A → B. Aber umgekehrt folgt aus der Existenz einer wunderbar gestalteten Natur nicht notwendigerweise auch die Existenz eines Gottes in unserer Welt, also nicht unbedingt B → A. Tatsächlich gibt es noch die Möglichkeit »biologische Evolution« (C), und daher ist auch B → C möglich.

Warum ich die Sache so kompliziert mache? Weil dieser Umkehrschluss genau der Denkfehler der Mea-Culpa-Gläubigen ist. Sie schließen nämlich aus der Tatsache »Eine erhöhte CO_2-Konzentration (A) erhöht die weltweiten Temperaturen (B)« ideologisch und daher automatisch auf »Der weltweite Anstieg der Temperaturen wird verursacht durch den erhöhten CO_2-Ausstoß der Menschen (A), also B → A«. Das kann richtig sein, muss aber nicht so sein. Die Wissenschaft kann diesen Umkehrschluss eben nie prinzipiell beweisen. Sie kann ihn auch nicht mit hoher Wahrscheinlichkeit nachweisen, solange sie die sogenannte Klimasensitivität nicht genau kennt. Sie besagt, wie stark die weltweiten Temperaturen bei einer Verdopplung der CO_2-Konzentration steigen. Gemäß dem aktuellen IPCC-Bericht liegt die Klimasensitivität bei 3,0 °C ± 1,5 °C. Die Ungenauigkeit liegt also bei 1,5/3 = 50%! Erst wenn sie unter 5–10% liegen würde, könnten wir mit guter Verlässlichkeit die genaue Abhängigkeit der Temperaturzunahme von der CO_2-Erhöhung bestimmen – oder widerlegen. Bis dahin gibt es keine Verlässlichkeit.

Das Einzige, was wir heute mit ziemlicher Sicherheit sagen können, ist, dass die menschengemachte CO_2-Zunahme zur Temperaturzunahme beiträgt. Wir können aber nicht sagen, wie groß der Beitrag genau ist. Sicher scheint zu sein, dass er wesentlich ist. Ein Hinweis sind zum Beispiel die Klimarekorde. Klimarekorde gibt es zwar auch dann, wenn sich das Klima nicht ändert. Sie passieren also auch rein zufällig, mal hier, mal da. Aber nur solche Klimarekorde sind relevant, die über diese Basisfälle hinausgehen. Erst mit neueren Auswertungen der Rekord-Statistik konnte man zeigen, dass die durch Änderung des Klimas verursachten Rekorde inzwischen viermal häufiger auftreten als die Basisfälle. Innerhalb der Streubreite der Rekorde ist diese Zunahme also inzwischen signifikant, sprich: Man kann sie nicht mehr einfach wegdiskutieren.

GIBT ES ANDERE URSACHEN?

Die Frage bleibt: Gibt es noch andere Ursachen für die Klimaveränderung, und wie einflussreich sind die? Wir wissen, dass es andere wesentliche Ursachen gibt. Dazu zählen die periodischen Änderungen der Erdbahnparameter und die periodischen

Schwankungen der Sonnenaktivität. Sie haben unser Klima bereits in der Vergangenheit stark beeinflusst. Im Hochmittelalter, also um das Jahr 1100, gab es in der sogenannten mittelalterlichen Warmzeit um etwa 0,3 °C höhere globale Temperaturen und somit ein grünes Grönland (Grönland bedeutet »grünes Land«) und vom 15. bis 18. Jahrhundert die Kleine Eiszeit, die global etwa 0,5 °C und uns in Europa teilweise bis zu 1–2 °C tiefere Temperaturen bescherte. Ein wohl wichtiger Grund dieser Kleinen Eiszeit war das sogenannte Maunder-Minimum (ein Aktivitätsminimum) der Sonne, und interessanterweise hatte die Sonne während des Mittelalters eine leicht erhöhte Aktivität. Da unser Klima wesentlich von der Energieeinstrahlung der Sonne abhängt, muss also jede Änderung der Sonnenaktivität eine Änderung unseres Klimas nach sich ziehen, wie eben auch Treibhausgase unser Klima zweifellos beeinflussen. Seit dem Jahr 1900 hat die Sonne wieder eine erhöhte Aktivität, zurzeit etwa so hoch wie im Hochmittelalter. Für veränderte Temperaturen kann es aber noch andere Ursachen geben, etwa Methan als ein anderes starkes Treibhausgas oder Aerosole.

Zu der Erkenntnis, dass es verschiedene wesentliche Ursachen geben kann, deren Einflüsse wiederum unterschiedlich stark sein können, passt die medial ausgeschlachtete Klima-Sensation des Jahres 2013, dass die globalen Temperaturen in den vergangenen 15 Jahren praktisch nicht mehr gestiegen sind. Ist das das Ende des Klimawandels? Wohl kaum. Viel wahrscheinlicher ist halt, dass das Klima neben der CO_2-Zunahme durch andere starke Faktoren beeinflusst wird.

Nehmen wir konkret an, der CO_2-Ausstoß macht 50 % der Temperaturzunahme aus, und es gibt gegenwärtig einen anderen, uns noch unbekannten Anteil, der auch mit etwa 50 % beiträgt. Nehmen wir weiter an, diese Einflussfaktoren gingen bisher Hand in Hand und ließen zusammen die Temperaturen um die bisher beobachteten 0,8 °C/Jahrhundert steigen. Wenn der

Einfluss des unbekannten Anteils auf sein normales Maß zurückgeht, und zwar so schnell wie die Zunahme des CO_2-Einflusses, dann sollten die Temperaturen vorübergehend nicht ansteigen. Das wäre genau das, was wir gerade sehen. Das ist so ähnlich wie bei Springflut und Nippflut. Die Flut wird zu 68 % vom Mond und zu 32 % von der Sonne durch deren gravitative Einflüsse verursacht. Wenn Sonne und Mond mit der Erde in einer Linie stehen, also bei Neu- und Vollmond, addieren sich deren Einflüsse, und es gibt eine besonders starke Flut, die Springflut, während bei Halbmond, also genau dazwischen, sie gegeneinander wirken und es eine besonders schwache Flut gibt, die Nippflut. Übertragen auf unser Klima würde das bedeuten, bisher hatten wir Spring-Klimawandel und jetzt gerade Nipp-Klimawandel.

Ich persönlich glaube, dass es sich etwa so verhält. Aber es kann auch andere Gründe für die Atempause des Klimawandels geben. Wie auch immer, das Klimaplateau ist keine Entwarnung für Klimaskeptiker und eine Warnung an die Selbstgeißler, dass ihr »Wir sind an allem schuld«-Glaube auf tönernen Füßen steht.

NICHT GLAUBEN, SONDERN DENKEN

Und was ist mit den Auswirkungen der Temperaturerhöhung auf unser Leben? Wie groß ist etwa unsere Schuld am Untergang der Südseeinsel Vanikoro? Nun, die 0,8 °C Temperaturerhöhung der letzten 110 Jahre haben bis heute einen Anstieg der Meeresoberfläche von 19 Zentimetern verursacht. Wer den Apokalyptikern glaubt, wegen 19 Zentimetern fällt die ganze Südsee dem Meer anheim, sollte sich die 19 Zentimeter einmal auf einem Zollstock genau anschauen und noch mal darüber nachdenken. Tatsächlich liegen viele Südseeinseln nordöstlich von Australien auf der Australischen Platte, die langsam unter die Pazifische Platte subduziert und dadurch viermal schneller abtaucht als durch den

Meeresspiegelanstieg. Aber plakative Beispiele wie Vanikoro sind so schön suggestiv (ein wunderschöner Name dazu), weshalb sie gern gepflegt werden. Sie sind die Mems unserer Welt, also intuitiv überzeugende Gedankenwürmer, die einem nie mehr aus dem Kopf gehen – das ist ihr Zweck. Genauso wie der Glaube, die Teflonpfanne käme aus der Raumfahrt.

KLIMAFORSCHUNG – KLIMAFORSCHER SIND EINÄUGIGE UNTER BLINDEN

21

Die Klimaforschung tappt wie beim Blinde-Kuh-Spiel noch ziemlich im Dunkeln. Ich erkläre Ihnen in den nachfolgenden beiden Artikeln, was wir heute wissen, was wir noch nicht wissen und warum wir die weitere Klimaerwärmung nur schwer genau vorhersagen können.

Seriöse Klimaforscher müssten sich ehrlicherweise eingestehen: »Ich weiß, dass ich nicht viel weiß.« Das ist das Ergebnis meiner Recherchen um den aktuellen Stand der Klimaforschung, nachdem sich Ende 2016 auf diesem Gebiet viel Neues aufgetan hat.

Ein guter Indikator dafür, wie gut eine Wissenschaft tatsächlich ist, ist gemäß Karl Popper (1902–1994), dem großen Wissenschaftstheoretiker und Philosophen, ihre Vorhersagekraft, also inwieweit sie Erscheinungen vorhersagen kann. Da hat die Klimaforschung kläglich gepatzt. Keiner hat in den 90er-Jahren die Plafonierung der Zunahme der CO_2-Konzentration und damit der globalen Temperatur für die Jahre 1998 beziehungsweise 2002 bis 2014 (siehe Abbildungen), sogenannte Pause der globalen Erwärmung oder kurz Erwärmungs-Hiatus, vorhergesagt. Vielmehr zeigten deren vorhergesagte Kurven allzeit steil nach oben.

Sogar im Nachhinein konnte dieses bemerkenswerte Phänomen bis heute kein Klimaforscher erklären. Dies ist umso erstaunlicher, als dass die Erfahrung lehrt, dass Theoretiker im Nachhinein stets alles erklären können, wovon das meiste für den Müll ist. Erst in letzter Zeit begannen sie so langsam die Ursachen zu verstehen, sind jedoch noch weit davon entfernt, mögliche ähnliche Phänomene in Zukunft vorhersagen zu können. Sie wissen zwar jetzt mehr, aber immer noch wenig. Unter den Blinden ist der Einäugige halt König.

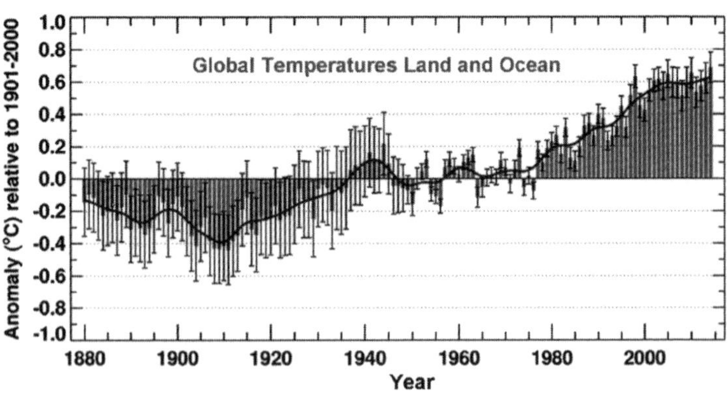

Die globalen Jahrestemperaturen seit 1880 bis 2016. Der Erwärmungs-Hiatus seit 1998 beziehungsweise von 2002 bis 2014 ist deutlich sichtbar.

(Bild: NCDC/NESDIS/NOAA)

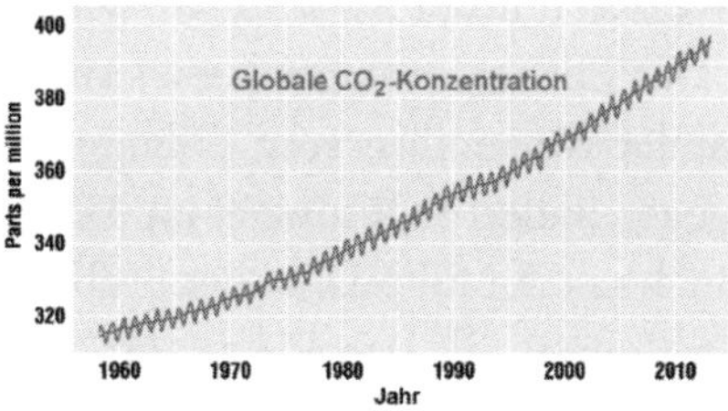

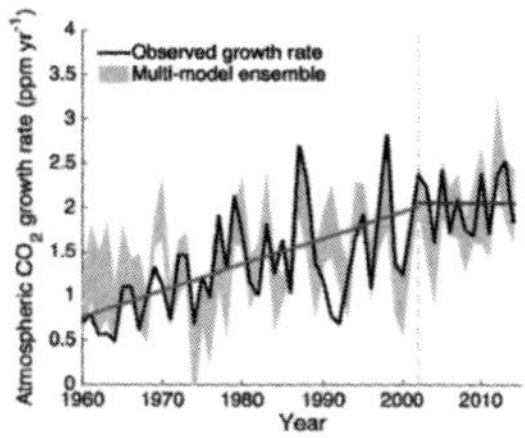

Linkes Bild: Die stete Zunahme der CO_2-Konzentration in der Atmosphäre. Der Grund für die jahreszeitlichen periodischen Schwankungen ist die Verwesung der Blätter und somit erhöhter CO_2-Ausstoß auf der Nordhalbkugel.
(Bild: NOAA/Scripps Institution of Oceanography)

Rechtes Bild: Die Rate der jährlichen Zunahme der CO_2-Konzentration = Ableitung der mittleren Kurve im linken Bild. Die Konstanz der Zunahme in den Jahren 1998 beziehungsweise von 2002 bis 2014 ist als waagrechter blauer Strich gekennzeichnet. (Bild: T. Keenan/Nature Communications)

Ja, ich gebe zu, das ist ein etwas hartes Urteil, aber unter Wissenschaftlern macht die Euphorie, etwas verstanden zu haben, oft blind vor der Komplexität der Realität. Man sollte zwar den Hut ziehen vor dem Wissen, das Klimaforscher bis heute erarbeitet haben, aber nur die Hälfte von dem glauben, was sie sagen. Und misstrauen Sie jedem, der behauptet, das Klima verstanden zu haben. Sie selbst mögen vielleicht gar nichts von Klima verstehen, also blind sein, aber Klimaforscher sind eben nur einäugig.

WAS WISSEN WIR HEUTE TATSÄCHLICH VOM KLIMA UND DEM KLIMAWANDEL?

Die globalen Oberflächentemperaturen der Erde sind die Balance von einerseits allen Wärmeflüssen von außen (Sonnenstrahlung) auf und vom Erdinneren (der Erdkern besitzt eine Temperatur von etwa 6000 °C) zur Erdoberfläche und andererseits der Wärmeabstrahlung der Erde zurück Richtung Weltall, wobei Teile dieser Rückstrahlung von Wolken und der Atmosphäre wieder zur Erde reflektiert werden. Das Einzige, was bei diesen vielen Wärmeflüssen konstant ist, ist der Wärmefluss vom Erdinneren. Die Sonneneinstrahlung hingegen ändert sich sowohl im Aktivitätszyklus von elf Jahren als auch mit der Elliptizität der Erdbahn und Neigung der Erdachse zur Ekliptik, die sich alle 26.000 Jahre beziehungsweise alle 41.000 Jahre ändert. Sie zusammen verursachen mit Rückkopplungseffekten unter anderem die Eiszeiten.

WENN DIE WOLKEN NICHT WÄREN!

Eine harte Nuss für Klimaforscher ist die Wolkenbedeckung. Sie bestimmt einerseits, wie viel Sonnenstrahlung auf die Erdoberfläche trifft (der Rest wird zurück ins All reflektiert), und andererseits ist sie zusammen mit der Atmosphäre eine Art Warmhaltedecke, die den Wärmefluss von der Erde ins All reguliert. Genau das ist der Knackpunkt in der Klimaforschung: Die Klimaforscher wissen zwar, dass CO_2 und zu einem geringeren Teil Methan CH_4 den Wärmeschutzeffekt der Decke erhöhen, aber sie wissen nicht genau, wie gut diese Treibhausgase wirken. Sie messen lediglich Zu- oder Abnahmen von CO_2/CH_4-Mengen und Temperaturzunahmen und -abnahmen und korrelieren die miteinander. Daher wissen sie dann, wie viel CO_2-Zunahme wie viel Temperaturzunahme verursacht. Aber sie haben noch nicht genau verstanden, warum dieses Verhältnis so ist. Daher braucht sich nur eine Kleinigkeit ändern, und schon stimmt diese Korrelation und somit ihre Vorhersage nicht mehr – so geschehen bei dem Erwärmungs-Hiatus.

Und dann gibt es noch diese komplexen Wolkenstrukturen: große, kleine, hochliegende, tiefliegende, dicke, dünne, graue, weiße ... All diese Wolkeneigenschaften zusammen mit ihren schnellen räumlichen und zeitlichen Veränderungen beeinflussen den Wärmefluss zur und von der Erde. Wenn man daher einen Klimaforscher fragt, was bei zunehmender globaler Temperatur mit den Wärmeflüssen passiert, windet er sich. Denn durch mehr Verdampfung der Ozeane entstehen mehr Wolken, die zwar mehr Sonnenstrahlung reflektieren, die Erde also kühlen, aber zugleich erhöht sich auch der Wärmedeckeneffekt. Verstärken Wolken also die Temperaturzunahme oder verringern sie sie? Nun, das kann man schwer sagen, weil dies genau genommen davon abhängt, wann wo große, kleine, hochliegende, tiefliegende, dicke, dünne, graue, weiße … Wolken entstehen und vergehen. Der Klimaforscher wird also keine pauschale Antwort darauf geben können.

Im nächsten Artikel wird klar, warum die Klimaforscher es wirklich schwer haben und eine genaue Vorhersage heutzutage nicht gelingen kann.

KLIMAFORSCHUNG – **SHIT IN, SHIT OUT!**

22

Wie sich das Klima in Zukunft verändert, lässt sich nur vorhersagen, wenn man alle Einflüsse und ihre Beziehungen untereinander genau kennt. Aber genau das wissen die Klimaforscher noch nicht.

Wenn diese schwierigen Wolken nicht wären, dann ließe sich das Klima relativ gut modellieren. Das war das Ergebnis meines letzten Artikels. Es gibt da aber noch eine andere harte Nuss: die Ozeane. Abhängig von der Anzahl und Höhe der Wellen, also abhängig von lokalen Winden, nehmen sie mehr oder weniger Wärme und CO_2 aus der Luft auf. Teile davon geben sie irgendwann wieder an die Atmosphäre ab (was wiederum vom Wind an dem anderen Ort abhängt), oder die Wärme und CO_2 gelangen durch vertikale Meeresströmungen in große Tiefen und werden so der Atmosphäre entzogen. Unsere Meere sind ein gigantischer Wärmespeicher. Ihre globalen Strömungsverhältnisse und ihre Interaktion mit der Atmosphäre haben einen entscheidenden Einfluss auf unser Klima. Aber kein Klimaforscher versteht wirklich, wie das genau passiert.

PANTA RHEI – ALLES VERÄNDERT SICH!

Und dann gibt es da noch die photosynthetisierende Biomasse, die tagsüber CO_2 in O_2 umwandelt, aber nachts auch O_2 zurück in CO_2, die sogenannte Photorespiration! Wussten Sie, dass etwa die Hälfte dieser für uns wichtigen Biomasse, nämlich Algen und Cyanobakterien, in den Meeren lagert? Ihre Masse verändert sich stetig abhängig von Ort und Zeit, von der Meerestemperatur und von zur Verfügung stehenden Mineralstoffen (Stickstoff, Kalium, Phosphor, Eisen). Lange Zeit nahm man an, dass die Biomassen netto eine konstante Menge CO_2 in O_2 umwandeln. Aber inzwischen wissen wir, dass dem nicht so ist. In den letzten 50 Jahren hat sich deren Umwandlungsrate der Pflanzen mehr als verdoppelt. Denn die Pflanzen mit ihrer Photosynthese lieben CO_2, je mehr davon, desto mehr wird davon in O_2 umgesetzt. Außerdem hat deswegen die Biomasse der Pflanzen zugenommen. Unsere Erde ist insgesamt grüner geworden, was man auf Satellitenaufnahmen deutlich sieht! Dazu kommt, dass erhöhte Temperaturen die Photorespiration reduzieren. Also alles Prozesse, die CO_2 stärker reduzieren als bisher gedacht.

Umgekehrt, eine sich reduzierte Eisdecke an den beiden Polen bewirkt eine vierfach erhöhte Absorption des einfallenden Sonnenlichts, was die Temperaturen weiter erhöht. Im Gegensatz dazu hat sich die weltweite anthropogene CO_2-Emission in den Jahren 2015 und 2016 nicht weiter erhöht – man höre und staune! Das aber räumlich recht unterschiedlich. Chinas CO_2-Ausstoß hat sich in dieser Zeit um jährlich etwa 1 % und der der USA gar um 2 % verringert. Beide Staaten tragen mit 45 % zum weltweiten Ausstoß bei. Der Ausstoß aller anderen Nationen einschließlich der europäischen hat sich entsprechend erhöht (Deutschland etwa plus 1,4 % pro Jahr, Indien plus 5,2 % pro Jahr).

SHIT IN, SHIT OUT!

Warum erzähle ich all diese ermüdenden Details? Weil damit klar wird, dass es fast unendlich viele unterschiedliche Einflüsse zum Klima gibt, die miteinander vernetzt sind und sich teilweise wie in einem Teufelskreis aufschaukeln oder sich gegenseitig dämpfen. Eine unvollständige Modellierung dieser Abhängigkeiten kann zu falschen Ergebnissen und falschen Vorhersagen führen. Genau das war der Fehler des Club of Rome (→ Seite 119), der mit einer haarsträubenden Modellierung und einem entsprechenden im Jahr 1972 veröffentlichten Bericht »Grenzen des Wachstums« den bevorstehenden Untergang der Menschheit vorhersagte! Die heutigen Modelle der Klimaforscher sind zwar weitaus ausgefeilter als die des Club of Rome, aber immer noch so schlecht, dass sie beim Erwärmungs-Hiatus versagen, und wenn die Klimaforscher nicht aufpassen, könnte ihnen in Zukunft noch Peinlicheres passieren.

WAS IST NUN DIE URSACHE DES ERWÄRMUNGS-HIATUS?

Die Wissenschaftler sind sich noch nicht ganz einig, aber mit Sicherheit spielt eine größere Wärmeaufnahme der Ozeane, also eine Umverteilung der zunehmenden Wärme aus der Atmosphäre in die Ozeane, eine Rolle und die Zunahme der Photosynthese und daher eine verstärkte Reduktion von CO_2 durch Biomasse. Mit anderen Worten, die Variabilität der natürlichen Prozesse war die Ursache. Das war so und wird auch in Zukunft so bleiben.

Wer sich nun die Hände reibt und meint, an der ganzen Klimaerwärmung sei also gar nichts dran, irrt gewaltig. Denn Erwärmungs-Hiatus bedeutet lediglich, dass die globale Erwärmung nicht mehr beschleunigt zunahm, sondern »lediglich« gleichförmig. Die Atmosphäre gab also kein Gas bei ihrer Erwärmung. Das hat sich seit 2015 geändert. El Niño tritt seitdem aufs Gaspedal, und es geht wieder beschleunigt weiter.

WAS ALSO WISSEN WIR ÜBER DIE EXISTIERENDE KLIMAVERÄNDERUNG?

Der Mensch stieß im vergangenen Jahrhundert zunehmend CO_2 in die Atmosphäre aus. Dies scheint der Auslöser und Treiber der globalen Temperaturzunahme von bisher etwa 1 °C. Natürliche und anthropogene Einflüsse (etwa Aerosole in den 50er- und 60er-Jahren) führten zu Schwankungen in der Geschwindigkeit der Zunahme. Klimamodelle sind bisher zu ungenau, um solche Schwankung bisher und auch für die Zukunft vorherzusagen. Insbesondere grenzt es für mich unter diesen Umständen an Kaffeesatzleserei, den Temperatur-Gleichgewichtszustand (wenn es einen solchen überhaupt gibt) zu bestimmen, also vorherzusagen, um wie viel Grad die globale Temperatur weiter zunehmen wird, wenn der CO_2-Ausstoß auch weiterhin nicht zunimmt oder nur leicht konstant zunimmt.

Die Erforschung der Klimaveränderung ist ein saukompliziertes Geschäft. Wir haben großartige Klimaforscher, die ihr Bestes geben, und sie haben vieles verstanden. In einem komplizierten Erdsystem ist vieles aber wenig. Vor uns liegen noch eine Menge Arbeit und viele neue Erkenntnisse. Bis dahin sollten wir demütig bleiben und das tun, von dem wir wissen, dass es für unser Klima hundertprozentig richtig ist: CO_2- und Methan-Ausstoß reduzieren.

HABITABLE EXOPLANETEN ENTDECKT – WAS IST DA DRAN?

23

Es vergeht kaum ein Monat, in dem nicht von neu entdeckten erdähnlichen, terrestrischen oder potenziell bewohnbaren Planeten berichtet wird. Gibt es dort draußen also Außerirdische zuhauf?

Man mag solche Nachrichten fast schon gar nicht mehr anklicken. Anfang Mai 2016 hieß es wieder einmal »Forscher entdecken drei potenziell bewohnbare Planeten«. Aber das hatten wir doch schon viele Male in den vergangenen Jahren! Was ist daran neu? All diese Artikel zielen auf unsere Überzeugung – das sogenannte populär-pluralistische Argument – »Da draußen im Universum gibt es so viele Sterne, da gebietet es doch der gesunde Menschenverstand, dass es noch andere intelligente Wesen im All gibt!«. Jede Ankündigung neuer erdähnlicher Planeten und

UFO-Sichtungen werden von den Medien daher indirekt als Beweis für Außerirdische formuliert. Wir nicken und sagen uns: Wusste ich's doch, dass es sie gibt. Robert Todd Carroll, Professor für Philosophie am Sacramento City College, Kalifornien, hat diesen Alien-Glauben einmal »die Mythologie des Weltraumzeitalters« genannt.

GIBT ES AUSSERIRDISCHE?

Das soll nicht heißen, dass es Außerirdische nicht gibt. Im Gegenteil, allein unsere Existenz beweist, dass es in einem unendlich (oder fast unendlich) großen Universum wie das unsere unendlich viele außerirdische Zivilisationen geben muss. Aber, und das ist der Knackpunkt, diese Aussage ist für uns irrelevant. Denn wir können nur solch andere Planeten sehen, nur zu solch anderen Planeten reisen und Funksignale von diesen empfangen, die in etwa 100 Lichtjahren um die Erde herum liegen. Und alles, was für uns überhaupt irgendwie relevant ist, muss in unserer Milchstraße, mit einem Durchmesser von 100.000 Lichtjahren, beheimatet sein. Die nächstgelegenen größeren Galaxien haben aber Abstände von mehreren Millionen Lichtjahren. Selbst Licht braucht mehrere Millionen Jahre, um dorthin zu gelangen! Diese Entfernungen liegen weit außerhalb unseres Kommunikations-, geschweige denn Reisehorizonts.

Dass UFOs sicherlich keine Außerirdischen sind, hatte ich bereits in meinem Buch *Im Schwarzen Loch ist der Teufel los* gezeigt. Der Glaube an »UFOs = Außerirdische« scheint jedoch ungebrochen, wie Tatjana E. mir in einem Schreiben klarmachte: »*Vielleicht ringen Sie sich endlich mal zur Wahrheit durch. Das Volk glaubt längst nicht mehr alles, was das Regime über die Propagandamedien und gekaufte Wissenschaftler verlauten lässt.*« Ich möchte betonen, dass mich bisher kein Außerirdischer für meine UFO-feindlichen Ansichten bezahlt hat. Falls sich in Zukunft einer bei mir melden sollte, werde ich ihn Knut nennen und ihm mit dem Geld ein sorgenfreies Leben im Zoo sichern.

WANN SIND EXOPLANETEN WIRKLICH ERDÄHNLICH?

Wie sieht es nun mit diesen erdähnlichen Exoplaneten aus? Wie erdähnlich sind die überhaupt, und könnte es dort wirklich Außerirdische geben? Dieser Frage bin ich ebenfalls bereits in meinem Buch *Im Schwarzen Loch ist der Teufel los* nachgegangen. Damals, als die erdähnlichen Exoplaneten Kepler-438b und Kepler-442b entdeckt wurden, hatte ich gezeigt, dass das entscheidende Kriterium nicht »erdähnlich« ist (was immer das bedeuten mag), sondern »eine Umlaufbahn in der sogenannten habitablen Zone«. Denn nur in diesem bestimmten Abstand von einem Zentralstern fällt so viel Sternenlicht auf einen Planeten, dass Wasser als Grundlage organischen Lebens nicht zu kalt (Eis) oder zu heiß (alles verdampft) ist.

ULTRAKALTE ZWERGSTERNE – NEIN DANKE!

Wie ist das nun mit den zwei im Jahr 2016 entdeckten potenziell bewohnbaren Planeten um den Stern Trappist-1? Er wurde benannt nach dem belgischen Teleskop TRAPPIST an ESOs La-Silla-Observatorium in Chile. Wie stolz die belgischen Wissenschaftler auf ihre Entdeckung sind, kann man ihrer sehr edel und extra für diesen Stern gestalteten Webseite entnehmen. Wenn man sich dort durch einige Seiten klickt, erkennt man erst den Haken an der Entdeckung. Sie nennen es »Small is beautiful!«, ich nenne es »Das ist das Aus für Außerirdische auf den Trappist-1-Planeten«.

Denn der Zentralstern Trappist-1 hat nur 8 % der Sonnenmasse. Bei solch geringen Massen funktioniert die Wasserstoff-Fusion nur gerade so, und somit blubbert der Stern mit nur 0,05 % der Sonnen-Leuchtkraft vor sich hin. Man nennt solche Sterne auch ultrakalte Zwergsterne, weil sie eine Oberflächentemperatur von »nur« 2250 °C haben; zum Vergleich, die Sonne hat 5400 °C. Damit die zwei Planeten trotzdem ausreichend Strahlungsleistung abbekommen, müssen sie viel näher um den Stern kreisen als die Erde um die Sonne. Um genau zu sein, in nur 1/70 beziehungsweise 1/90 des Erd-Sonnen-Abstands. Zum Vergleich, unser innerster Planet Merkur hat immerhin noch 1/3 des Erd-Sonnen-Abstands. Entsprechend ist ihre Umlaufzeit um ihren Stern extrem kurz, nämlich nur 1,5 beziehungsweise 2,4 Erdtage.

DER HAKEN AN DER NEUEN ENTDECKUNG

Die Gleichgewichts-Oberflächentemperaturen der beiden Planeten werden mit jeweils 12 °C bis 127 °C und –31 °C bis 69 °C angegeben. Das hört sich für biologisches Leben annehmbar an, besagt aber nichts über die tatsächlichen Verhältnisse auf deren Oberflächen. Denn bei solch geringen Abständen sind die Eigenrotationen der Planeten an die Umlaufzeiten gekoppelt, zu einer sogenannten gebundenen Rotation und zwar so stark, dass der Planet dem Stern immer eine Seite zuwendet, während die andere immer sternenabgewandt ist. Das führt zu Temperaturen, die keine biologische Zelle aushalten würde, nämlich auf der Vorderseite des Planeten brütend heiß (ich vermute mehrere 100 °C) und auf der abgewandten Seite klirrend kalt (etwa –200 °C). Wie hoch die Temperaturdifferenz tatsächlich ist, hängt davon ab, ob es auf den Planeten eine Atmosphäre gibt. Falls nicht, gäbe es die genannten Temperaturen, falls doch, würde die Wärme in gigantischen Dauerstürmen von der Vorderseite zur Rückseite transportiert werden. Die Temperaturdifferenz wäre zwar dann geringer (etwa 100 °C), aber selbst unter solch harschen Zuständen würde höheres Leben wohl kaum entstehen.

Betrachtet man alle der bis heute über 3000 entdeckten Exoplaneten, dann findet man, dass kein einziger auch nur ansatzweise wirklich erdähnlich (habitable Zone, etwa Erdradius mit Atmosphäre, keine gebundene Rotation) ist. Das bedeutet aber nicht unbedingt, dass es dort draußen extrem wenige davon gibt. Es wird eher so sein, dass erdähnliche Planeten um geeignete Sterne mit heutigen Methoden noch nicht nachweisbar sind. Da müssen wir auf die neue Generation von Weltraumteleskopen warten.

RATAN-600 – SIGNAL VON AUSSERIRDISCHEN ENTDECKT?

24

Haben Außerirdische versucht, uns zu kontaktieren? Das jedenfalls lassen Meldungen Mitte 2016 über ein ominöses Signal von RATAN-600 vermuten.

Es passte alles wie die Faust aufs Auge. Es war Sauregurkenzeit Mitte 2016, alle Medien gierten nach interessanten Neuigkeiten. Und dann war sie da. Eine *Science Alert* (Wissenschafts-Alarm) genannte Seite meldete den eindeutigen Empfang eines mysteriösen Signals von einem russischen Teleskop, das von Außerirdischen kommen könnte, weil von einem 95 Lichtjahre entfernten Stern namens HD 164595. Na, wenn das nicht wissenschaftlich klingt, wer wollte daran zweifeln, und im Nu ging die Nachricht um die Welt. Mit Skepsis beginnt die Suche nach Wahrheit. Also machte ich mich an die Recherchearbeit.

WAS PASSIERTE AM 15. MAI 2015?

Was mich anfangs schon stutzig machte, war die Tatsache, dass das Signal bereits am 15. Mai 2015 empfangen wurde. Warum poppt die Nachricht darüber erst Mitte 2016 auf? Die Antwort fand ich in einigen Blogs. Demnach hatte sich alles folgendermaßen abgespielt: Russische Wissenschaftler benutzen ihr sogenanntes RATAN-600-Teleskop, das an der Grenze zu Georgien liegt, für wissenschaftliche Erkundungen unserer Milchstraße. Nebenbei scheinen sie es auch für die Suche nach außerirdischen Signalen (SETI) zu benutzen. Das ist nichts Ungewöhnliches bei Teleskopbetreibern, denn so nutzt man freie Messzeit halt für Dinge, die den einen oder anderen Mitarbeiter persönlich interessieren. Und an jenem 15. Mai 2015 empfingen sie das in der Abbildung gezeigte Signal.

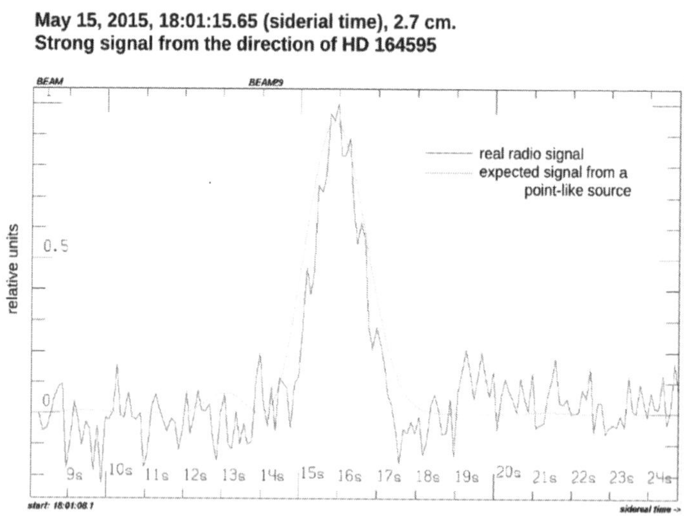

Das von RATAN-600 am 15. Mai 2015 empfangene Signal, dessen Nachricht um die Welt ging. (Bild: Bursov et al. und SETI Research Center, seti.berkeley.edu/HD164595.pdf)

Was besagt dieser Peak im Rauschen? Um das zu verstehen, muss man wissen, wie das Teleskop funktioniert. Es ist anders gebaut als andere Teleskope. Die in einem auf dem Boden und im großen Kreis angeordneten Spiegel spiegeln Radiowellen, die aus einer Richtung kommen, auf einen zentralen Empfänger im Mittelpunkt des Kreises. Damit man aus verschiedenen Richtungen empfangen kann, sind die Spiegel schwenkbar. Schaut das Teleskop schräg seitlich, dann verschmiert die enge, kreisförmige Empfangskeule zu einer engen Ellipse. Man tastet also wie mit einem schmalen Fächer den Himmel ab. Das ist der Nachteil, wenn man nicht wie ein normales Teleskop eine Schüssel hat, die man schwenken kann. Der Vorteil ist, man braucht keine große Schüssel schwenken, sondern nur viele kleine Spiegel. Das ist viel kostengünstiger.

An jenem Tag tasteten die Wissenschaftler in ihrer freien Messzeit so einen bestimmten Winkelbereich 39-mal hin und her ab. Und bei einem (und nur einem!) dieser Schwenks fanden sie das genannte Signal. Zum Empfangszeitpunkt wies der Mittelpunkt der schmalen Empfangsellipse auf den Stern HD 164595. Es waren erfahrene Wissenschaftler, die wussten: Wenn ich bei 39 identischen Schwenks nur einen habe, der mir ein ungewöhnliches Signal liefert, dann ist da was faul. Außerdem könnte das Signal auch aus den seitlichen Bereichen der Empfangsellipse kommen. Unter Wissenschaftlern bewertet man solche unklaren Eintagsfliegen mit den Worten »Einmal ist keinmal« und kümmert sich nicht weiter darum. So auch unsere russischen Wissenschaftler.

CLAUDIO MACCONE WILL'S WISSEN

Nicht so der italienische Gastwissenschaftler am RATAN-600, Claudio Maccone. Als er beim Durchstöbern der Daten in 2016 auf das Signal stieß, schickte er eine E-Mail mit einer angehängten Präsentation der Ergebnisse an seinen Freund Paul Gilster, der die Webseite www.centauri-dreams.org betreibt, und den bekannten Astronomen Seth Shostak und Mitarbeiter Eric Korpela am SETI-Institut mit der Frage, was sie davon hielten.

Als Erster wandte sich Paul Gilster am 27. August auf seiner Webseite an die Öffentlichkeit. Er analysierte die Situation treffend mit den Worten: HD 164595 ist ein Stern, so groß wie unsere Sonne, 94 Lichtjahre von uns entfernt, mit einem Planeten mit 0,05 Jupitermassen (also ziemlich genauso groß wie Neptun), der in nur 40 Tagen den Stern umkreist. Also viel zu nah und somit zu heiß für Außerirdische, obwohl er nicht ausschließen mochte, dass es noch kleinere, erdähnlichere Planeten um HD 164595 gibt. Er schloss seinen Blog mit den Worten: »*Aus dieser Beobachtung können wir nicht die Entdeckung einer außerirdischen Zivilisation ableiten. Alles, was wir sagen können, ist, dass das Signal interessant ist und eine weitere Untersuchung verdient.*«

Vom SETI-Institut kommentierte zuerst Korpela am 29. August das Signal. Er machte in einem Blog unzweifelhaft klar, dass die Bedingungen (Einmaligkeit und Breitbandmessung) darauf hindeuten, dass das Signal höchstwahrscheinlich nichts mit Außerirdischen zu tun hat. Seth Shostak seinerseits richtete sein Allen Telescope Array auf HD 164595, fand aber nichts Besonderes. Vorsichtig, wie er nun einmal ist, fügte er aber in einer E-Mail hinzu: »*Aber wie bei allen SETI-Experimenten kann man [mit einer Fehlmessung] nicht zeigen, dass es dort keine Außerirdischen gibt, sondern nur mit einem [gemessenen] Signal, dass sie da sind.*« Damit war für beide das Thema erledigt.

ZUM TEUFEL MIT BUSINESS-INSIDERN

Nicht so für Dave Mosher. Er betreibt die Webseite *Science Alarm* und nennt sich »Business-Insider« (bei so einer Berufsbezeichnung läuten tatsächlich alle Alarmglocken). Er las den Blog von

Gilster und die E-Mail von Shostak und brachte den Fund am 30. August als »Alarm« heraus. Sein Argument bezieht sich auf eine Aussage von Shostak: Das Signal ist zwar sehr schwach, aber wenn es vom 94 Lichtjahre entfernten Stern HD 164595 kommt, dann muss das Signal von dort mit 50 Billionen Watt zu uns abgesandt worden sein. Also müsse es eine sehr hoch entwickelte Zivilisation sein, die ein so starkes Signal abstrahlt. Und mit dieser Vermutung nahm die Nachricht als Internet-Hype innerhalb von Stunden ihren Weg um den Globus.

UND SO WAR'S DANN WOHL WIRKLICH ...

Eine hoch entwickelte Zivilisation? Ja, schon, wenn das Signal wirklich von HD 164595 gekommen wäre. Kam es tatsächlich von HD 164595? Dazu gab Shostak ein Video-Interview vor seinem SETI-Institut, das bei *Die Welt* zu sehen ist. Nach viel Herumlabern gab er schließlich zu, dass es wohl am wahrscheinlichsten ist, dass ein Flugzeug in den Empfangsweg gekommen ist und durch eine Reflexion so ein schwaches Signal erzeugt hat. Solche Reflexe sind nicht ungewöhnlich. Man kennt solche Effekte auch, wenn ein Satellit zufälligerweise ein starkes Signal aus anderer Quelle kurzzeitig in einen Empfänger reflektiert. Ein Argument, das bereits Korpela in seinem Blog vorbrachte.

Damit wäre das Phänomen also mit großer Wahrscheinlichkeit erklärt. Bleibt noch die Frage, warum der so anerkannte Astronom Shostak so lange um den heißen Brei herumquatschte und mit so zweideutigen Aussagen wie »Aber wie bei allen SETI-Experimenten kann man damit nicht zeigen, dass dort keine Außerirdischen sind, sondern nur mit einem Signal, dass sie da sind« die Medien und selbst Business-Insider verwirrte.

Die Antwort liegt im SETI-Institut selbst. Es wird dafür finanziert, Signale Außerirdischer zu finden und nicht, sie totzureden. Darüber hinaus hatte sich Shostak im Jahr 2004 mit seiner

Behauptung, bis zum Jahr 2024 Signale von Außerirdischen gefunden zu haben, ziemlich weit aus dem Fenster gehängt. Wer so sehr an die Nachricht von Außerirdischen glaubt und zudem dafür finanziert wird, muss jede Nachricht heiß halten, denn nur damit kommt man in die Medien, und nicht mit Nachrichten, dass ein Signal mit Sicherheit NICHT von Außerirdischen kommt.

Die nächste Nachricht, eventuell ein Signal von Außerirdischen gefunden zu haben, kommt also so sicher wie das Amen in der Kirche.

ZIVILISATIONEN IM ALL – IST **UNSERE ERDE** EINZIGARTIG?

25

Inzwischen sind bereits über 3700 Exoplaneten gefunden worden, und kein einziger davon scheint Lebensbedingungen zu bieten wie unsere Erde. Heißt das, unsere Erde ist einzigartig?

Zurzeit überschlagen sich ja die Entdeckungen von Exoplaneten. Im Jahr 2016 gab die NASA bekannt, auf einen Schlag 1284 neue Exoplaneten gefunden zu haben. Sie schob aber gleich hinterher, dass nur neun davon erdähnlich sind und in der lebenswichtigen habitablen Zone liegen. Nimmt man weitere lebenswichtige Kriterien hinzu, etwa Erdradius mit Atmosphäre und ausgeglichene klimatische Verhältnisse, insbesondere keine gebundene Rotation mit dem Zentralstern, dann kommt wie bei den bisherigen Exoplaneten wieder heraus: Kein einziger ist wirklich erdähnlich.

AUSSERIRDISCHE ZIVILISATIONEN, EIN WECHSELBAD DER HOFFNUNGEN

Allmählich fragt man sich, woran das liegt oder ob das mit dem Teufel zugeht. Mehr als 3200 und nichts wirklich Erdähnliches dabei? Unsere Hoffnungen schwankten in der Vergangenheit immer wieder hin und her. In den 60er-Jahren kam die Drake-Gleichung, mit der man angeblich die Anzahl der Zivilisationen in der Milchstraße einfach berechnen konnte. Mit ihr sagten manche Wissenschaftler Millionen von Zivilisationen in unserer Milchstraße voraus. Bei genauerem Hinsehen entpuppte sich die Drake-Gleichung allerdings als wertlos, weil man erst das Wissen vorn reinstecken muss, um genau dieses Wissen hinten herauszubekommen. Wer an Millionen Zivilisationen glaubt, konnte also mit ihr genau das berechnen, wer das nicht glaubte, konnte auch das mit ihr »beweisen«.

Dann erschien im Jahr 2000 das international und auch in fachlichen Kreisen aufsehenerregende Buch von Peter Ward und Donald Brownlee mit dem Titel *Rare Earth: Why Complex Life is Uncommon in the Universe*, in dem die beiden zeigten, dass intelligentes Leben in unserem Universum (sie meinen damit die Milchstraße) sehr unwahrscheinlich ist und wir daher wahrscheinlich die Einzigen sind. Die Stimmung unter den ETI-Gläubigen (ETI = Extraterrestial Intelligence, Fachbegriff für »außerirdisches Leben«) war am Boden.

Aber direkt danach begann die massenweise Entdeckung von Exoplaneten, und damit schlug sich wieder das populär-pluralistische Argument seine Bahn: Wenn es dort draußen soooo viele Exoplaneten gibt, dann gebietet es doch allein der gesunde Menschenverstand, dass es noch andere intelligente Wesen im All gibt!

Zurzeit schlägt das Pendel wieder zurück: Ja, soooo viele Exoplaneten, aber kein einziger wirklich erdähnlicher! Woran liegt das?

SO ENTSTEHEN PLANETENSYSTEME NORMALERWEISE

Der eine Grund ist sicherlich, dass erdgroße Planeten sehr schwierig zu entdecken sind. Die dicken Fische bleiben im Teleskop hängen, die dünnen gehen den Planetenjägern oft durchs Netz. Trotzdem, in den erdnahen Sternensystemen sollte man auch kleine Planeten sehen können. Sieht man aber nicht. Dieses Resultat stimmt mit neueren Computersimulationen und Beobachtungen überein, die zeigen, dass die Entstehungsgeschichte unseres Planetensystems nahezu einzigartig ist.

Etwa 70.000 Jahre nach der Entstehung unserer Sonne, vor 4,5 Milliarden Jahren, entstand Jupiter. Solch riesige Gasplaneten gibt es in jedem Sternensystem. Sie sind die großen Staubsauger, die praktisch das gesamte Gas des Außenraums eines Sterns abräumen und gleichzeitig die Drehimpulserhaltung des Systems sicherstellen. Wie überall beginnen solche Gasgiganten nach kurzer Zeit, zum Zentralstern hinzuwandern (man sagt, zu migrieren). Dabei treiben sie die bis dahin entstandenen Planetesimale (das sind die Embryonen der späteren kleineren Planeten) vor sich her. Normalerweise fallen sie so getrieben in den Zentralstern oder verbleiben auf ganz engen Umlaufbahnen, so, wie die Trappist-1-Planeten. Irgendwo im Abstand vom heutigen Merkur bis Erde bleiben die Giganten dann stehen und verbleiben dort für den Rest der Zeit. Somit geben sie habitablen, erdähnlichen Planeten keine Chance zum Überleben – und deswegen gibt es davon auch kaum welche.

BEI UNS WAR DAS ANDERS

In unserem Sonnensystem war das anders. Etwa 30.000 Jahre nach Jupiters Genesis entstand ein zweiter Gasgigant, nämlich Saturn. Der wanderte ebenfalls nach innen und wegen seiner geringeren Größe wesentlich schneller. Etwa 300.000 Jahre nach der Geburt unseres Sonnensystems holte Saturn den Jupiter ein, etwa dort, wo heute der Mars kreist, und geriet in eine orbitale 2:3-Resonanz mit ihm, was bedeutet, dass für drei Jupiter-Umkreisungen der Saturn exakt zwei brauchte. Das führte dazu, dass sich beide wieder ins äußere Sonnensystem zurückzogen, dort, wo sie noch heute stehen. Dies gab den Platz frei für Merkur, Venus, Erde und Mars, die durch den Rückzug nicht in ihren Tod in die Sonne getrieben wurden, sondern sich an ihren heutigen Positionen etablieren konnten.

Man könnte das ganze Spektakel, das sich über »nur« ein bis zwei Millionen Jahre (gemessen am Alter unseres Sonnensystems von 4500 Millionen Jahren) hinzog, auch so beschreiben: Der Hirtenhund Jupiter trieb die terrestrischen Lämmerplaneten in Richtung Sonne. Bevor sie in den Abgrund Sonne stürzten, griff der Schäfer Saturn ein, legte den Hund an die Leine und zog ihn wieder zurück. Im sicheren Abstand von Jupiter und durch ihn gegen einfallende Asteroiden und Kometen geschützt konnten die vier terrestrischen Planeten unbehelligt wachsen und gedeihen. Weil die Erde am Ende zudem und zufälligerweise noch genau die richtige Größe und den korrekten Abstand zur Sonne hatte, behielt sie das viele Wasser und die Atmosphäre, was die Grundlage für unser Leben wurde.

Dass aus diesen optimalen Voraussetzungen auf unserer Erde tatsächlich Leben entstand und sich daraus sogar intelligentes Leben entwickeln konnte, war dann mindestens ebenso unwahrscheinlich.

BEWOHNBARE EXOPLANETEN – WARUM WIR SIE FINDEN MÜSSEN

26

Wir kennen inzwischen Hunderte erdähnliche Exoplaneten, aber keiner von denen wäre für uns bewohnbar. Warum es für uns wichtig ist, herauszufinden, wie viele es gibt und wo sie sind.

Wir schreiben das Jahr 2518. Unsere Erde steht kurz vor dem Einschlag eines zehn Kilometer großen Asteroiden, was etwa alle 50 Millionen Jahre einmal passiert. Wie vor 65 Millionen Jahren, dem großen K/T-Einschlag, würde auch dieses Mal wieder alles höhere Leben ausgelöscht. Kein Mensch würde überleben. Nur kleinste Säugetiere, wahrscheinlich Ratten, würden dieses Inferno überstehen. Aus ihnen würde sich nach etwa 50 Millionen Jahren vielleicht die nächste Zivilisation hier auf Erden entwickeln. So ein vernichtender

Einschlag wäre also gut für die zukünftige Menschheit 2.0, aber schlecht für uns.

Zum Glück haben wir, die Menschheit 1.0, bis dahin wahrscheinlich Raumarchen entwickelt (siehe meinen Artikel *So würde eine Alien-Invasion wirklich ablaufen* in meinem Buch *Im Schwarzen Loch ist der Teufel los*), mit denen man zu jedem Stern im Umkreis von etwa 100 Lichtjahren fliegen könnte, um einen neuen Heimatplaneten zu besiedeln. Jede Arche könnte bis zu zehn Millionen Menschen Lebensraum und somit eine Lebensqualität wie auf der Erde bieten. Weil dem so wäre, wäre es diesen Aussiedlern egal, dass eine Reise selbst zum nächsten Sternensystem Alpha Centauri mindestens einige Tausend Jahre, also mehrere Generationen, dauern würde.

WAS ZEICHNET EINEN BEWOHNBAREN PLANETEN AUS?

Aber Alpha Centauri hat keinen Planeten, der sich als Mensch bewohnen ließe, das wissen wir bereits heute. Was zeichnet einen bewohnbaren Planeten aus? Mit »bewohnbar« bezeichne ich einen Planeten, der in der habitablen Zone eines Zentralsterns liegt (→ siehe auch Seite 141) und etwa so groß ist wie die Erde. Denn wäre er viel größer, könnten wir wegen seiner großen Schwerkraft nur auf allen vieren mühsam umherkriechen, wäre er viel kleiner, etwa wie Mars, könnte er keine Atmosphäre halten, die wir zum Atmen brauchen. Außerdem müsste ein bewohnbarer Planet bereits einfaches organisches Leben tragen, das eine sauerstoffhaltige Atmosphäre zum Atmen produziert und den Auswanderern Nahrung liefert.

WO UND WIE VIELE?

Im Umkreis von 100 Lichtjahren um die Erde gibt es etwa 100.000 Sterne mit etwa ebenso vielen Planeten. Es macht keinen Sinn, zu irgendeinem loszufliegen und später festzustellen, dass er nicht bewohnbar ist. Man muss schon vorher wissen, welcher Planet bewohnbar ist. Wie findet man von der Erde aus in dieser riesigen Menge genau den idealen bewohnbaren Planeten? Das ist die alles entscheidende Frage für die Aussiedler, denn ein Zurück wäre unmöglich. Würde man sich da irren, gäbe es die Menschheit danach nicht mehr.

Wir Menschen heute haben das Privileg, in einer Phase der bereits 200.000 Jahre währenden Menschheitsgeschichte zu leben, in der wir nicht nur die Erde verlassen, sondern auch Informationen über andere Planeten sammeln können. Inzwischen wissen wir, dort draußen gibt es sehr viele Exoplaneten. Seit wenigen Jahren wissen wir auch, die Anzahl erdähnlicher Planeten darunter ist sehr gering. Bei mindestens 100.000 Exoplaneten dürften aber trotzdem einige 100 erdähnliche dabei sein, also Planeten, die ein feste Oberfläche und in etwa die Größe wie die Erde haben. Wir haben aber nicht die geringste Ahnung, wie viele davon für uns bewohnbar wären, also in der habitablen Zone ihres Zentralsterns liegen und dazu primitives Leben tragen!

DIE EDELSTE UND ERHABENSTE FRAGE

Nicht nur für zukünftige Aussiedler, bereits heute wäre es interessant zu wissen, wie viele bewohnbare Planeten es dort draußen gibt, denn eine der bedeutendsten Fragen der Menschheit lautet: Sind wir allein, oder gibt es dort draußen noch andere Zivilisationen? Bewohnbare Planeten sind die Voraussetzung für die Entwicklung höheren organischen Lebens bis hin zu extraterrestrischen Zivilisationen. Erst wenn wir wüssten, wie viele bewohnbare Exoplaneten es in unserer Milchstraße gibt und mit welcher Wahrscheinlichkeit sich auf solchen Planeten intelligentes Leben bildet, erst dann könnten wir diese *»edelste und erhabenste Frage beim Studium der Natur«*, wie der mittelalterliche

Scholastiker Albertus Magnus (1200–1280) sie einmal nannte, beantworten – wenn auch nur statistisch.

SO FUNKTIONIEREN HEUTIGE PLANETENJÄGER

Um die Anzahl bewohnbarer Exoplaneten zu bestimmen, sind unsere heutigen Teleskope auf der Erde wie auch die im Weltraum, wie etwa das berühmte Kepler-Weltraumteleskop, unbrauchbar. Sie betrachten lediglich das Licht eines entfernten Sterns. Wenn das über einige Stunden oder Tage hinweg geringfügig abnimmt, dann vermutet man eine teilweise Abdeckung des Sterns durch einen Planeten, einen sogenannten Transit. Aus den wiederholten regelmäßigen Transits kann man die Umlaufzeit des Planeten und daraus mit dem dritten Keplerschen Gesetz seinen mittleren Abstand vom Zentralstern bestimmen. Aus der Spektralkurve des Sterns andererseits kann man dessen Typ bestimmen. Beide Daten zusammen besagen, ob der gefundene Planet innerhalb oder außerhalb der habitablen Zone liegt. Aber das besagt natürlich noch gar nichts darüber, ob ein erdähnlicher Planet in einer habitablen Zone auch biologisches Leben trägt.

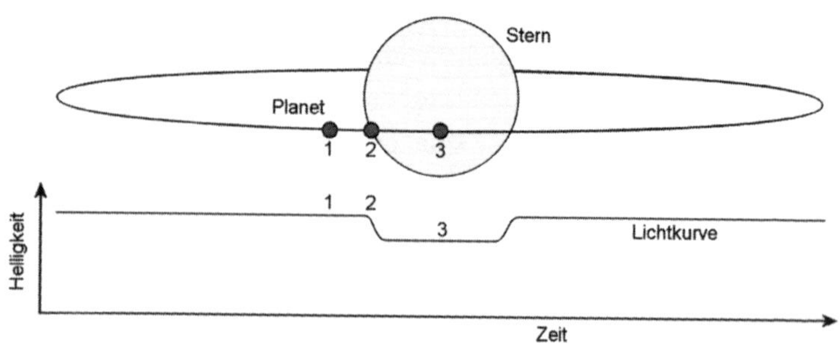

Beim Transit eines Exoplaneten vor seinem Zentralstern verringert sich die Helligkeit des beobachteten Sternenlichtes. (Bild: Wikimedia Commons/U. Walter)

Heutige Teleskope sehen Exoplaneten also nur indirekt, außerdem nur solche, die von uns aus gesehen ihren Stern zufälligerweise bedecken. Das ist nur dann der Fall, wenn unsere Blickrichtung und die Bewegungsebene eines Exoplaneten, in der auch der Zentralstern liegt, zusammenfallen. Nur dann liegen Teleskop, Planet und Zentralstern irgendwann auf einer Bedeckungslinie. Weil diese Koinzidenz bei den meisten Sternensystemen nicht eintritt, können wir die meisten Exoplaneten mit der Transitmethode gar nicht entdecken. Will man also alle Exoplaneten und deren Eigenschaften bestimmen, muss man ihr ausgesandtes Licht direkt beobachten können. Geht das überhaupt?

Ja, wir haben die Technologie, um bewohnbare Planeten durch direkte Beobachtung ausfindig zu machen. Solche Teleskope zu bauen, wäre zwar nicht einfach, aber es wäre möglich. Wie das ginge, lesen Sie im nächsten Artikel.

SO WERDEN WIR **DIE ZWEITE ERDE** FINDEN

27

Bewohnbare Exoplaneten könnten außerirdische Zivilisationen tragen, und so können wir sie finden.

Wie können wir unter Hunderttausenden von Sternen und Planeten im näheren Umkreis unseres Sonnensystems genau die herausfinden, die nicht nur erdähnlich sind – also etwa so groß wie die Erde und eine Atmosphäre –, sondern auch einfaches biologisches Leben tragen, also für uns Menschen oder möglicherweise außerirdische Zivilisationen bewohnbar wären? Dazu brauchen wir neue Teleskope, mit denen wir Exoplaneten direkt sehen und ihre Existenz nicht nur indirekt bestimmen können, was die heutigen Teleskope bisher lediglich machen.

SO MÜSSTEN DIE NEUEN TELESKOPE GEBAUT SEIN

Solche Superteleskope sind bereits heute im Prinzip technisch machbar, jedoch mit zwei kostspieligen Eigenschaften. Zum einen müsste ein Superteleskop einen Durchmesser von mehreren Hundert (!) Kilometern und zugleich eine ideale Parabelform mit nicht mehr als einem Mikrometer Höhenabweichung haben. Das ist auf der Erde praktisch nicht machbar. Jede kleinste Erdvibration (Erdbeben) oder Verschiebung (die Mondgezeiten heben die Erdoberfläche lokal um etwa 25 Zentimeter an) machen jeder Technik einen Strich durch die Rechnung.

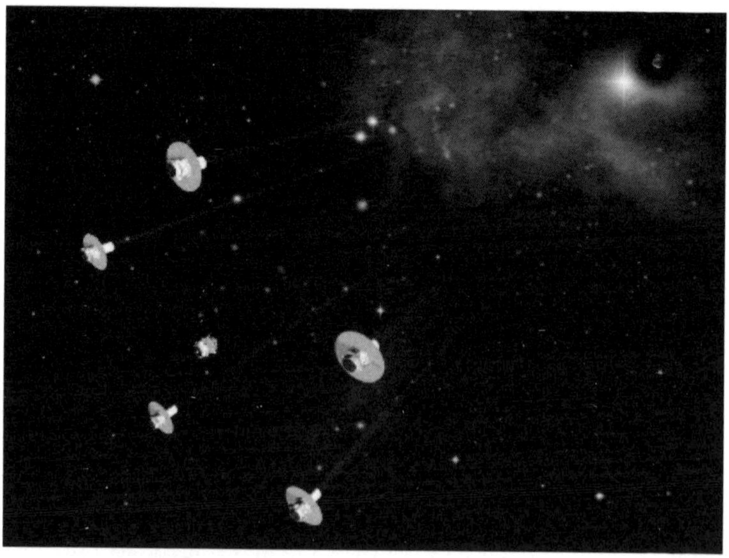

Das in den 90er-Jahren von der ESA geplante Darwin-Weltraum-Teleskop bestehend aus fünf ringförmig angeordneten Sub-Teleskopen. Die von einem Exoplaneten und seinem Zentralstern empfangenen Lichtwellen (rote Linien) werden per Laserstrahlen (blaue Linien) zu einem zentralen Punkt übertragen, wo sie interferiert werden und so das Sternenlicht unterdrückt wird. Das Interferenzsignal wird per Laserstrahl (violette Linie) zur weiteren Bildauswertung zur Erde übertragen. (Bild: ESA)

Im Weltraum gibt es diese Probleme nicht. Aber wie bringt man ein Spiegel-Teleskop (der leichteste Teleskop-Typ) mit vielleicht 300 Kilometer Durchmesser ins All? Dazu muss man ein bisschen tricksen. Der Durchmesser eines Teleskops bestimmt seine maximale Auflösung. Soll sich in einer Aufnahme ein Planet vom Stern deutlich seitlich absetzen und nicht nur als Punkt, sondern als Scheibe sichtbar sein, braucht man eben mehrere 100 Kilometer Durchmesser. Die Spiegelfläche des Teleskops bestimmt die Lichtintensität eines Planeten, die man damit einfängt. Heutige Lichtsensoren sind so empfindlich, dass die Lichtintensität nicht das Problem ist. Daher kann man sich erlauben, nicht das ganze Teleskop ins All zu bringen, sondern nur einige wenige Spiegelbereiche, sagen wir den Mittelbereich und einige Randbereiche. Jeder dieser Sub-Spiegel wäre ein eigenes Teleskop mit nur etwa zehn bis 20 Metern Durchmesser. Sie zusammen bilden ein großes virtuelles Teleskop mit relativ geringer Lichtintensität, das aber wegen deren gegenseitiger Abstände von einigen 100 Kilometern eine extrem hohe Auflösung hat.

SO MACHT MAN BEWOHNBARE EXOPLANETEN SICHTBAR

Es gibt da aber ein weiteres großes Problem. Das extrem schwache Licht eines Exoplaneten wird von seinem 100 Millionen Milliarden Mal helleren Zentralstern hoffnungslos überstrahlt. Man sähe nur das helle Licht des Zentralsterns und sonst nichts. Aber auch hier hilft ein Kniff. Nimmt man zwei dieser Sub-Spiegelteleskope und positioniert sie über längere Zeiten zueinander so exakt, dass ihr Wegunterschied zum Zentralstern dadurch gerade eine halbe Lichtwellenlänge ausmacht (also bei mehreren 100 Kilometern Abstand auf einen Mikrometer genau. Das geht tatsächlich!), dann kann man durch phasengenaue Interferenz (man addiert die Lichtwellen beider Teleskope phasengenau) das Licht des Zentralsterns auf theoretisch null unterdrücken. Das Licht eines Exoplaneten, der dabei etwas seitlich vom Zentralstern stände und daher einen etwas anderen Abstand von den beiden Sub-Teleskopen hätte, würde nicht unterdrückt werden, und man könnte ihn dann deutlich sehen. Dass ein solches Arrangement mehrerer Sub-Teleskope tatsächlich funktionieren würde, zeigte die Darwin-Studie der ESA in den 90er-Jahren.

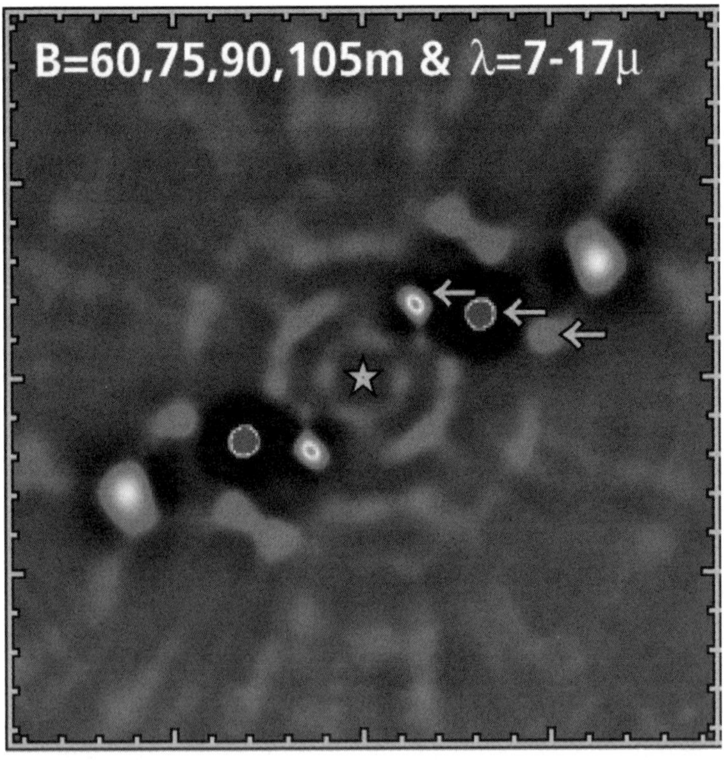

Simulation unseres Planetensystems bei Betrachtung von einem nahegelegenen Stern. Unsere zentrale Sonne (gelber Stern) ist mittels Interferenz unterdrückt. Das Licht der Planeten Venus, Erde und Mars (gelbe Pfeile) ist im Spektralbereich 7–17 Mikrometer spektral zerlegt und entsprechend farbkodiert. Dadurch sticht unsere Erde mit Ozon (rot kodiert) als einziger bewohnbarer Planet sofort heraus. (Bild: NASA)

Es war sogar geplant, Darwin zu bauen und im Jahr 2015 ins All zu bringen, aber die enormen Entwicklungskosten haben diesem virtuellen Super-Teleskop den Garaus gemacht.

Dieses schwache Licht des Exoplaneten würde man bei zehn Mikrometern Wellenlänge in seine Spektralanteile zerlegen. Bei genau 9,5 Mikrometern befindet sich nämlich die markante Absorptionslinie von Ozon. Wann immer man die bei einem Exoplaneten fände, müsste es dort eine Sauerstoffatmosphäre geben, in der, genauso wie auf der Erde, die UV-Strahlung des Sterns Teile des Sauerstoffs in Ozon umwandelt. In einer Atmosphäre kann es freien Sauerstoff in größeren Mengen aber nur dann geben, wenn es dort Photosynthese, und somit zumindest primitives biologisches Leben, gibt, die diesen Sauerstoff ständig neu produziert. Ozonspuren in der Atmosphäre eines Exoplaneten wären also ein eindeutiges Zeichen für seine Bewohnbarkeit.

Sollte also die Menschheit im Jahr 2518 wegen eines Asteroideneinschlags zu einem anderen Planeten auswandern müssen, dann werden bis dahin mit großer Wahrscheinlichkeit alle Exoplaneten mit Ozonspuren in der näheren Umgebung der Erde mit solchen Weltraum-Teleskopen kartografiert sein. Die Aussiedler würden daraus den nächstgelegenen bewohnbaren Exoplaneten wählen, der außerdem einen sonnenähnlichen Zentralstern besitzt, und los geht's, bevor der Asteroid einschlägt.

FLEISCH MACHT KREBS – WAS IST DA DRAN?

28

Wurst und rotes Fleisch als Krebsursachen?
Was ist an der WHO-Warnung vom Oktober 2015 dran?
Folgen Sie mir bei einer Sezierung der Fakten.

Ich weiß nicht, ob Ihnen das mit dem Hype »Rotes Fleisch macht Krebs« aus dem Jahr 2015, der bis heute anhält, auch so geht. Wenn die Medien wieder einmal so eine Sau durchs Dorf treiben, dann gibt es endlose Beifalls-Kommentare von der einen Seite, nämlich von denen, denen das genau in den Kram passt, diesmal von den Vegetariern und Grünen, und andererseits Hasstiraden von denen, die Angst um ihr Geschäft haben, etwa der Schutzverband Schwarzwälder Schinkenhersteller.

Da kann ich nur den Kopf schütteln. Warum lässt man solche Leute überhaupt zu Wort kommen? Die zu fragen, ist dasselbe, als würde ich den Teufel fragen, was er von Gott hält – und umgekehrt.

Statt der unnützen Kommentare der verfeindeten Lager interessiert doch eigentlich nur: Wer hat die Sau losgetreten, was genau soll die Sau verbrochen haben, und wie verlässlich ist die Anklage? Wie ich dann mit diesen Fakten umgehe, ist allein meine Sache, dazu brauche ich keine weiteren Kommentare. Was also einzig interessiert, sind die Fakten.

WER HAT DEN HYPE LOSGETRETEN?

Was ist also an der »Rotes Fleisch«-Sau wirklich dran? Losgetreten hat sie die International Agency for Research on Cancer (IARC), eine Einrichtung der Weltgesundheitsorganisation (WHO) in Lyon/Frankreich. Das bedeutet zunächst erst einmal nicht viel. Wenn ich lese: »Die Wirtschaftsprognose der fünf Wirtschaftsweisen lautet …«, dann kann man getrost ungelesen weiterblättern. Nicht so beim IARC. Wenn man sich deren Veröffentlichungen durchliest, dann wird schnell klar, hier versucht eine kompetente Kommission durch eine bedachte Wortwahl und vorsichtige Ausdrucksweise der Krebswahrheit nahezukommen. Auf einer Vertrauensskala von 0 bis 10 erhielten die von mir die volle Punktzahl.

Mit der Vermutung »Was die sagen, hat offenbar Hand und Fuß« wurde ich auf deren angebliche Veröffentlichung »Fleischkonsum macht Krebs« neugierig. Tatsächlich gab es die im Jahr 2015 noch gar nicht. Sie wurde erst im Jahr 2018 als Monografie *Red Meat and Processed Meat* Band 114 des IARC veröffentlicht. Am 26. Oktober 2015 erschien in der Fachzeitschrift *The Lancet Oncology* jedoch jedoch vom IARC ein als News autorisierter Abriss mit dem Titel »Carcinogenicity of consumption of red and processed meat«[3] (Karzinogenität von rotem und verarbeitetem

---

3 The Lancet Oncology 16, S. 1599–1600, 2015.

Fleisch), der der Öffentlichkeit leider nicht zugänglich ist. Allein dieser Abriss und seine Kommentierung in den Medien hatten also den Hype ausgelöst.

RESPEKT, RESPEKT!

Was steht in dem Abriss und der Monografie nun genau drin? Eines vorweg, *The Lancet* ist eine sogenannte »peer reviewed«-Zeitschrift. Das heißt, nicht jeder eingesandte Artikel wird veröffentlicht, sondern nur solche, die von anerkannten Fachleuten auf dem jeweiligen Gebiet gegengelesen und für gut befunden wurden. Das garantiert zwar nicht die Richtigkeit des Inhalts einer Veröffentlichung, aber man kann sich fast sicher sein, da steht kein Unsinn drin. »Peer reviewed« ist also ein anerkanntes Gütesiegel.

Wie es sich unter Wissenschaftlern gehört, wird in dem Artikel zunächst einmal der Begriff »rotes Fleisch« geklärt. Rotes Fleisch ist Muskelfleisch (auch gekocht) von Säugetieren, also von Rind, Kalb, Schwein, Lamm, Schaf, Pferd oder Ziege. »Verarbeitetes Fleisch« ist Fleisch (jegliches, nicht nur rotes Fleisch!), das durch Salzen, Pökeln, Fermentieren, Räuchern oder andere Verfahren im Geschmack verbessert oder haltbarer gemacht wird.

Als Erstes weist der Artikel darauf hin, dass *»rotes Fleisch biologisch hochwertige Proteine und wichtige Spurenelemente beinhaltet, wie etwa Vitamin B, Eisen (…) und Zink«*. An solchen Details erkennt man die Objektivität des IARC-Artikels.

Ungeachtet der bekannten Vorteile von Haltbarmachung und Verdaubarkeit von Fleisch durch die genannte Verarbeitung werden dadurch krebserregende Stoffe produziert, nämlich polyzyklische aromatische Kohlenwasserstoffe (PAH), N-Nitroso-Verbindungen (NOC, etwa Nitrosamine). Auch einfaches Kochen des Fleisches kann PAHs und unter Krebsverdacht stehende heterozyklische aromatische Amide (HAA) erzeugen. Die meisten dieser krebserregenden Stoffe werden aber durch Braten in der Pfanne und durch Grillen produziert.

DAS IST DAS GENAUE ERGEBNIS

Eine IARC-Arbeitsgruppe wertete nun 800 zuverlässige wissenschaftliche Studien (sogenannte Metastudien) hinsichtlich der Auswirkungen von rotem und verarbeitetem Fleisch auf Krebs aus. Am deutlichsten gab es einen Zusammenhang zwischen dem Verzehr von rotem beziehungsweise verarbeitetem Fleisch und Darmkrebs. Das Ergebnis lautet: Mit 95 % Wahrscheinlichkeit sind die folgenden zwei Aussagen richtig: Beim Verzehr von 100 Gramm rotem Fleisch pro Tag nimmt das Risiko, an Darmkrebs zu erkranken, um 17 % zu. Beim Verzehr von 50 Gramm verarbeitetem Fleisch pro Tag nimmt das Risiko, an Darmkrebs zu erkranken, um 18 % zu.

Endlich einmal genaue und zuverlässige Daten, denn 95 % Wahrscheinlichkeit bedeutet, das ist sehr wahrscheinlich wirklich so. Was bedeutet das für den deutschen Bundesbürger? Er verzehrt im Mittel 130 Gramm pro Tag, wobei Männer eher bei 170 Gramm und Frauen bei 90 Gramm liegen. Dieser Unterschied erklärt die fast doppelt so hohe Darmpolyp-Rate (ein Polyp ist eine Darmausstülpung als mögliche Vorstufe zu Darmkrebs) bei Vorsorge-Untersuchungen bei Männern.

ACHTUNG VOR FALSCHEN SCHLUSSFOLGERUNGEN!

Die Schlussfolgerung »Wer weniger rotes Fleisch und/oder verarbeitetes Fleisch ist, bekommt weniger Darmadenome und, falls die nicht erkannt werden, weniger Krebs« ist also absolut richtig. Die Schlussfolgerung daraus: »Iss weniger solches Fleisch, und du lebst gesünder« ist jedoch nicht unbedingt richtig. Dies folgt etwa aus einer Studie in der »peer reviewed«-Zeitschrift *PloS One* aus dem Jahr 2014, deren Ergebnisse zeigten, »*dass eine vegetarische Diät mit einem schlechteren Gesundheitszustand (größeren Krebs-, Allergie- und psychischen Störungen), einem höheren Bedarf an Gesundheitsfürsorge und einer schlechteren Lebensqualität verbunden ist.*« Diese Studie ist zwar keine Metastudie und hat daher vielleicht keine 95%ige Zuverlässigkeit, aber sie macht deutlich, dass der gänzliche Verzicht auf Fleisch nicht unbedingt gesünder, was den Gesamtgesundheitszustand betrifft, macht – wahrscheinlich eher nicht.

Trotzdem bleibt natürlich die harte Tatsache, dass rotes/verarbeitetes Fleisch ein höheres Darmpolyp-Risiko und somit ein höheres Darmkrebsrisiko verursacht. Das ist einfach so. Punkt. Aber liegt in diesen beiden Erkenntnissen nicht die ideale Lösung? Fleisch im Wochenmittel moderat essen (also es kann ab und zu auch einmal mehr, manchmal sogar richtig viel sein, am nächsten Tag mag man Fleisch eh nicht mehr sehen) und spätestens ab dem 50. Lebensjahr regelmäßig zur Darmvorsorgeuntersuchung, ab dem 55. Lebensjahr Darmspiegelung (Koloskopie) wegen möglicher Polypen.

Wenn die Daten stimmen, dann leben Sie mit dieser Lebenseinstellung gesünder als jeder Vegetarier und erst recht gesünder als jeder Veganer. Von der meist größeren Lebensfreude einmal ganz abgesehen.

ICH BIN DOCH **NICHT BLÖD!**

29

Sie sind doch nicht blöd, oder?
Jetzt sagen Sie bloß nicht »Nein!«.

Gehen wir einmal davon aus, dass Sie sich nicht für blöd halten. Das ist ja noch okay. Wenn Sie aber auf meine Frage »Sie sind doch nicht blöd, oder?« empört mit »Nein!« antworten, dann ist das logisch überhaupt nicht okay. Das wäre einfach nur blöd. Denn eine doppelt negierte Aussage ist logisch gesehen die ursprüngliche Aussage. Mit Ihrer Antwort »Nein!« würden Sie also zugeben, Sie wären blöd. Ihre richtige Antwort auf die Frage müsste daher lauten: »Ja, ich bin nicht blöd!«

Was sollen diese logischen Spitzfindigkeiten, werden Sie mich fragen, wo doch jeder weiß, dass in der Umgangssprache bei einer doppelten Verneinung die Antwort »Nein« = »Ja« bedeutet?

Das stimmt natürlich. Aber erstens ist es wichtig zu wissen, dass Sprache oft unlogisch ist, sie aber trotzdem erstaunlich gut funktioniert, solange man weiß, was der andere wirklich meint. Das klappt zwischen Männern und Frauen leider nicht immer. Wann ist bei einer Frau ein »Nein« wirklich ein »Nein« oder nun doch ein »Ja«? Außerdem sollte man wissen, dass in vielen Fällen des Lebens weder ein schlichtes Nein noch ein Ja die richtige Antwort ist. Auf die Frage »Schatzi, liebst du mich noch?« möchte so mancher genervte Ehemann antworten: »Ich hab's dir einmal gesagt. Wenn sich was ändert, sag ich Bescheid.« Aber selbst ein schlichtes »Ja« wäre keine gute Antwort, denn das wäre genau so, als würden Sie auf ihre Frage »Wie findest du mein neues Kleid?« mit »Nett« antworten. Was Männer mit »nett« = »schön« bezeichnen, ist für Frauen ein Verriss. Die psychologisch richtige Antwort auf jene heikle Frage lautet daher: »Aber natürlich, das weißt du doch!«

SPRACHE SUGGERIERT OFT FALSCHES

Das eigentliche Problem an diesen Untiefen der Sprachlogik ist jedoch, dass ungenaue Sprache suggestiv ist und umgekehrt unser wahres Denken sich in unseren Worten widerspiegelt. Man sagt nicht nur »Mein Blick fiel auf die schöne Vase«, sondern viele Menschen glauben tatsächlich, der Blick stelle eine Art Scheinwerfer dar. Der Entwicklungspsychologe Jean Piaget (1896–1980) notierte bereits im Jahr 1929 nach einer Studie an Kindern, dass in den Köpfen der Kinder die Blicke des Menschen als »Strahlen« aus den Augen treten und von den Dingen abprallen. Gerald A. Winer von der Ohio State University ging diesem Phänomen vor 15 Jahren genauer nach und fand, dass nicht nur Kinder, sondern auch bis zu 67 % der Erwachsenen davon überzeugt waren, beim Sehen träten Strahlen aus den Augen aus. Diese naive, subjektive Empfindung war für Platon gar die Grundlage seiner Theorie des Sehens: Die Augen senden eine »feurige Substanz« aus, die auf ein Objekt trifft, sich mit dem Licht der Sonne vermischt und so das Objekt gesehen werden kann.

Wir sind uns solcher naiver Überzeugungen manchmal so sicher, dass wir glauben, man sollte sich auf diesen unseren gesunden Menschenverstand unbedingt verlassen. Ja, gesunder Menschenverstand mag zwar oft hilfreich sein, aber leider liegt er nicht selten auch verdammt daneben. Hier ein Beispiel: Sie stehen mit Ihrem neuen Nachbarn Schulte am Zaun und plaudern. Frau Schulte erzählt, sie hätte zwei Kinder, wobei eines, ein Mädchen, gerade drüben im Sandkasten spielt. Dann ist die Chance, dass das andere Kind auch ein Mädchen ist, 50 % (nämlich ein Mädchen oder ein Junge), würden Sie sich sagen. Aber das ist falsch! Da die vier Paarungen »Mädchen – Mädchen«, »Mädchen – Junge«, »Junge – Mädchen«, »Junge – Junge« gleich wahrscheinlich sind und nur in einem Fall von dreien zwei Mädchen vorkommen, ist die Wahrscheinlichkeit, dass das andere Kind auch ein Mädchen ist, also die Paarung »Mädchen – Mädchen« vorliegt, nur 1/3 = 33 %.

BEDINGTE WAHRSCHEINLICHKEITEN

Kann sein, dass Sie mir jetzt vorwerfen, diese Rechnung sei Unfug, weil für jedes Kind gilt: zu 50 % Mädchen, zu 50 % Junge. Wohl wahr. Aber was ist die Wahrscheinlichkeit für ein Mädchen, wenn das andere bereits ein Mädchen ist? So etwas nennt man eine »bedingte Wahrscheinlichkeit«, und dafür gilt die Berechnung, wie ich sie oben beschrieben habe. Warum funktioniert das logische Denken selbst in solch einfachen Situationen nicht? Der Grund ist, der Mensch denkt immer nur in absoluten Wahrscheinlichkeiten, bedingte Wahrscheinlichkeiten sind ihm fremd.

Nehmen wir ein leichteres Beispiel. Sie kennen sicherlich so eine Situation: Sie steigen eine fahrende Rolltreppe hinauf, und außer Ihnen sind nur zwei andere Personen auf der Treppe. Wie groß ist die Wahrscheinlichkeit dafür, dass die genau nebeneinanderstehen und die Rolltreppe blockieren? Nehmen wir an, die Rolltreppe hat 40 laufende Stufen. Die eine Person steht auf irgendeiner Stufe. Dann ist die absolute Wahrscheinlichkeit, dass die zweite Person auch genau dort steht, 1/40 = 2,5 %, also sehr gering. Tatsächlich ist die Wahrscheinlichkeit praktisch 1 = 100 %, weil die beiden sich wahrscheinlich kennen und miteinander plaudern wollen und dabei den Durchgang versperren. Das ist bedingte Wahrscheinlichkeit in der täglichen Praxis.

INTUITION SCHLÄGT LOGIK …

»Ah, ich habe verstanden!«, werden Sie sagen. Ja, logisch, vielleicht, aber Sie haben es nicht verinnerlicht! Hier ein Beispiel, gegen das Sie rebellieren werden, obwohl Sie das mit der bedingten Wahrscheinlichkeit glauben verstanden zu haben. Aber das nützt Ihnen nichts, weil Ihr Kopf einfach anders gepolt ist!

Stellen Sie sich vor, Sie sind Kandidat einer Quizsendung und haben die Möglichkeit, in der Endrunde den Hauptgewinn, einen tollen Sportwagen im Wert von 100.000 Euro, zu gewinnen. Dazu wurden drei Vorhänge aufgebaut. Hinter einem steht das Auto und hinter den anderen beiden nichts. Sie haben nun die Wahl. Welchen der drei Vorhänge wählen Sie? Links, Mitte oder rechts? Die Sache wird heiß. Der Quizmaster drängt, Sie müssen sich entscheiden. Eigentlich tendieren Sie zum Vorhang in der Mitte, das liegt genau dazwischen, und da kann man wohl nicht viel falsch machen. Aber weil links Ihre Glücksseite ist, wählen Sie dann doch den linken Vorhang. Schließlich ist einer so gut wie jeder andere, sagen Sie sich, und da haben Sie recht. Statt Ihnen aber zu zeigen, ob Sie richtig gewählt haben, macht der Quizmaster nun Folgendes: Er öffnet den mittleren Vorhang, hinter dem nichts ist. Schwein gehabt! Mehr noch, der Quizmaster stellt Ihnen frei, noch einmal zu wählen. Bleiben Sie beim linken Vorhang, oder wechseln Sie zum rechten Vorhang? Ich möchte wetten, Sie bleiben beim linken Vorhang. Sie sagen sich, die Chance, den Sportwagen hinter dem linken zu finden, ist genauso groß wie die hinter dem rechten, und da bleibe ich bei meinem linken.

Die Erfahrung zeigt, jeder Kandidat bleibt bei seiner ersten Wahl. Das ist aber die falsche Entscheidung. Hätten Sie den anderen Vorhang gewählt, dann hätten Sie Ihre Erfolgschancen glatt verdoppelt. Das klingt unlogisch, ist aber so. Der Grund: bedingte Wahrscheinlichkeit. Wenn Sie nach der gehen, müssten Sie folgendermaßen überlegen: »Ich liege mit meiner anfänglichen Wahl, dem linken Vorhang, nur zu 33 % richtig. Die beiden anderen Vorhänge zusammen sind zu 66 % richtig. Wenn mir der Quizmaster nun den mittleren als falschen zeigt (denn den richtigen würde er mir nicht zeigen), dann muss der rechte Vorhang zu 66 % richtig sein, und das ist doppelt so viel wie mein linker. Also, unbedingt den rechten Vorhang nehmen!«

Sträuben sich Ihnen bei dieser Logik die Haare, weil Sie immer noch an Ihrer Alltagslogik festhalten: »Wenn ich weiß, dass der mittlere Vorhang falsch ist, dann kann der Sportwagen nur hinter einem der beiden anderen Vorhänge stehen, und es ist egal welcher. Daher sind meine Chancen so oder so nur 50 % und daher bleibe ich bei meinem linken.« Ich weiß, es ist schwer, von dieser anscheinend so überzeugenden Gewohnheitslogik Abschied zu nehmen. Ihr Fehler ist, Sie berücksichtigen nicht die Tatsache, dass Sie mit Ihrer anfänglichen Wahl nur zu 33 % recht hatten und mit dem Offenlegen des mittleren Vorhangs eine neue Situation eingetreten ist.

Glauben Sie mir, die andere Logik ist richtig. Lesen Sie sich alles noch einmal ganz langsam und genau durch. Wenn Sie dann immer noch Probleme haben, dann zeichnen Sie sich doch alle drei möglichen Fälle, wo der Sportwagen stehen kann, auf einem Papier auf und gehen mit jedem Ihre Wahl »linker Vorhang«

ganz genau durch. Oder Sie spielen das Spiel mit Ihrer Freundin oder Ihrem Freund einmal wirklich durch. Dann wird es Ihnen wie Schuppen von den Augen fallen.

... AUS ANGST VOR SPÄTERER REUE

Der Hang, seine erste Wahl zu behalten, ist aus psychologischer Sicht nur allzu verständlich. Dahinter steht die »Angst vor späterer Reue«, wie es die Psychologen nennen, die zu irrationalem Verhalten führen kann, wie die Psychologin Lydia Lange vom Max-Planck-Institut für Bildungsforschung in Berlin herausfand. Diese Furcht, eigene Handlungen später verwünschen zu müssen, hindert Studenten daran, einmal angekreuzte Antworten auf Multiple-Choice-Fragebögen zu ändern oder einen anderen Lotterieschein als den selbst ausgefüllten zur Losauswahl einzureichen, obwohl beide, statistisch gesehen, dieselben Gewinnchancen haben. Interessanterweise fällt der reuige Schmerz über eigene »unsinnige« Taten der Vergangenheit weniger ins Gewicht als die Reue über verpasste eigene Taten.

WAS IST ZEIT? – TEIL I

30

Was ist Zeit? Können wir in ihr reisen? Uralte philosophische Fragen, die sich jeder schon einmal gestellt hat und deren Antwort wir durch die Wissenschaft recht nahegekommen sind.

T*ime is just one damn thing after another.«* Dieses Zitat eines unbekannten Autors scheint eine hilflose und trotzdem sympathische Erklärung und kommt den Tatsachen recht nahe. Denn es besagt, Zeit sei einfach die Abfolge von Dingen in unserer Welt. Hieße das, wenn es unser Universum nicht gäbe, gäbe es auch keine Zeit? Genau so wäre es, und genau so war es, bevor unser Universum vor 13,8 Milliarden Jahren im Urknall entstand.

KEINE ZEIT OHNE SEIN

Aber Vorsicht, mit diesen etwas unbedachten Worten hat sich ein menschlicher Denkfehler eingeschlichen. Es gibt kein »bevor unser Universum entstand«. Wenn es davor nichts gab, dann gab es selbst die Zeit nicht davor. Diese Logik wird viele nicht überzeugen, denn für uns ist Zeit und Raum etwas, was unabhängig von den Dingen existiert. Sozusagen eine Bühne, auf der das, was geschieht, abläuft, wobei die Bühne selbst nicht Teil der Welt ist, sondern einfach immer da ist. Auf dieser intuitiven Überzeugung basiert die klassische Newtonsche Physik. Durch die Allgemeine Relativitätstheorie Einsteins (genau genommen die Einsteinschen Gleichungen) wissen wir allerdings, dass Raum und Zeit existenziell mit den Massen unseres Universums verbunden sind: Die Massen bestimmen die Form von Raum (Krümmung des Raumes) und der Zeit (das Zeitmaß), und umgekehrt bestimmen Raum und Zeit, wie sich die Massen im Raum und in der Zeit bewegen. Beides ist miteinander verwoben und bedingt sich gegenseitig.

Die Sonnenmasse krümmt den Raum um sich herum, und diese Krümmung ist nichts anderes als die Gravitation der Sonne – besagen die Einsteinschen Gleichungen –, die wiederum die Bahnen der Planeten um die Sonne bestimmt. Wie schnell dabei die Zeit abläuft, bestimmt neben der Sonnenmasse auch die Geschwindigkeit eines Planeten.

Es ist beeindruckend zu sehen, dass die kontraintuitive Vorstellung, die Zeit sei mit dem Universum erschaffen, bis in die Antike zurückgeht. Platon in seinem Werk *Timaios*: *»So entstand denn die Zeit zugleich mit dem Weltall, auf dass beide, zugleich geschaffen, auch zugleich wieder aufgelöst werden, wenn es jemals zu einer Auflösung derselben kommen sollte.«*

Der Kirchenvater Aurelius Augustinus von Hippo (354 n. Chr. – 430 n. Chr.), ein Mann mit scharfem Verstand, schrieb 800 Jahre später in seinen *Bekenntnissen* zu Gott[4]: »*Die Zeit selbst nämlich hattest Du geschaffen. Und so konnten auch keine Zeiten vorübergehen, bevor Du die Zeiten geschaffen hast. Wenn es aber vor Himmel und Erde keine Zeit gab, warum fragt man, was Du damals tatest? Es gab doch kein Damals, als es keine Zeit gab.*«

Hier zeigt sich aber zugleich auch das Problem, wie damit die angeblich ewigliche Existenz Gottes in Einklang zu bringen ist. Die Lösung der Philosophen der Antike und des Mittelalters lautete konsequenterweise: Es gibt zwei Zeitformen. Die eine, sozusagen die profane Zeit, »Tempus«, in der wir leben, die mit der Schöpfung der Welt entstanden ist und eventuell wieder mit ihr vergeht. Sie ist aber nur ein schäbiges Abbild der ewigen göttlichen Zeit »Aevum«.

ALLES HAT SEINE EIGENE ZEIT

Die Existenz von Aevum, die uns nicht zugänglich ist, sei dahingestellt, über Tempus wissen wir inzwischen aber recht gut Bescheid. Zunächst, das Zeitmaß wird durch die Gravitation der uns umgebenden Massen und durch die Eigengeschwindigkeit eines Körpers bestimmt. Ja, Sie haben richtig gelesen. Jeder Körper in unserem Universum hat sein eigenes Zeitmaß, also wie schnell seine Zeit vergeht (betrachtet von einem externen Beobachter. Die selbst empfundene Zeit ist immer gleichförmig) und hängt von diesen zwei Faktoren ab. Daher trägt jeder Mensch seine eigene Zeit mit sich herum. Weil wir aber auf der Erdoberfläche alle derselben Schwerkraft unterliegen und praktisch null Geschwindigkeit haben, sind Zeitunterschiede zwischen uns nicht messbar. Nur in Extremfällen werden sie nachweisbar.

So bin ich nachweislich (mit Atomuhren gemessen) um ganze 254 Mikrosekunden jünger geblieben als Sie, weil mein Shut-

4 Aurelius Augustinus: *Was ist Zeit? (Bekenntnisse 11)*, 15.

tle mit 28.000 Stundenkilometern ziemlich schnell flog. Daraus ergibt sich: Je schneller ich fliege, umso langsamer vergeht meine Zeit für einen Außenstehenden. In diesem Sinne sind Zeitreisen möglich: Wenn ich fast mit Lichtgeschwindigkeit ins All fliege, vergeht meine eigene Zeit so viel langsamer, dass ich bei meiner Rückkehr zur Erde in deren Zukunft lande. Je schneller, umso weiter in der Zukunft. Die Physik lässt also Zeitreisen zu. Aber nur in die Zukunft, nie in die Vergangenheit! (Für Fachleute: Wir schließen uns Hawkings »chronology protection conjecture« an, dass nämlich in einer Quantengravitationstheorie Zeitreisen in die Vergangenheit, die die heutige Allgemeine Relativitätstheorie (etwa im Gödel-Universum) zulässt, nicht möglich sind. Wäre das nicht der Fall, dann wäre der Zement unseres Universums, die Kausalität, verletzt.)

ZEIT HAT KEINE RICHTUNG

Zweitens, die Zeit selbst hat keine Richtung – es gibt keinen Zeitpfeil und damit keine Zukunft und Vergangenheit! Es gibt nur diese Welt und wie sich die Dinge (im Wesentlichen die Atome) darin anordnen. Nur die Abläufe (Änderungen der Anordnungen) der Dinge IN der Zeit haben eine Richtung. Was sich haarspalterisch anhört, ist von grundlegender Bedeutung. Altern (Degradation der Atomanordnungen in unserem Körper) ist nicht eine Frage der Zeit selbst, sondern eine physikalische Notwendigkeit der Abläufe. Die physikalische Notwendigkeit ist die stetige Zunahme der sogenannten thermodynamischen Entropie. Sie erzwingt in unserem Universum, dass der Kaffee aus der vom Tisch herunterfallenden Kaffeetasse sich unwiederbringlich über den schönen Teppich ergießt. Aber umgekehrt wird sich der Kaffee nie aus dem Teppich zurückziehen und in die auf den Tisch hochfliegende Tasse zurückfließen. Genau das wäre im Rahmen der klassischen Physik, in der die Zeit keine Richtung kennt, möglich! Erst die Physik der Thermodynamik gibt der Natur über die Zunahme der Entropie eine Abfolge der Anordnungen und somit quasi eine »Zeitrichtung« vor. Und weil es nur diese eine Welt gibt mit von Zeitpunkt zu Zeitpunkt sich ändernden Anordnungen, gibt es auch keine Vergangenheit und Zukunft, in die wir fliegen können.

Wo sollten wir auch hinfliegen, wenn wir in die Vergangenheit fliegen wollen? Die Vergangenheit ist lediglich eine andere Anordnung von Atomen in dieser unserer einzigen Welt, die es nie mehr und nirgendwo so geben kann! Daher sind Zeitreisen in diesem Sinn nie möglich. Lediglich eine Reise IN dieser Welt, in der meine Zeit am langsamsten vergehen muss, sodass ich bei meiner Rückkehr eine Anordnung der Atome auf der Erde vorfinde, die der einer fortgeschrittenen Entropie entspricht, ist möglich. Und das ist tatsächlich eine Reise in die Zukunft.

Ich hatte das Privileg, ein klein wenig in die Zukunft unserer Menschheit gereist zu sein, und muss sagen, man kommt ganz gut mit ihr zurecht. Ich hoffe, es bleibt so.

WAS IST ZEIT? – TEIL II

31

Da mein letzter Artikel vielleicht etwas zu harter Tobak war, hier ein neuer Versuch. Es geht um zwei Dinge: Zeit als Medium, in der Bewegung stattfindet, und die Richtung der Zeit (Zeitpfeil).

Machen wir es kurz: ES GIBT KEINE ZEITRICHTUNG! Und damit auch keine Zeitreisen. Punkt. Diese Aussage inhalieren Sie jetzt erst einmal gaaaanz lange …

Achtung, ich behaupte nicht, dass es kein Vorher und Nachher der Dinge in der Welt gibt, sondern nur, dass die Zeit selbst keine eingebaute Richtung hat. Um diesen feinen, aber wichtigen Unterschied geht es zunächst im Folgenden.

Dass Zeit selbst eine Richtung hat, scheint uns einfach selbstverständlich. Klassische Kinofilme wie »Zurück in die Zukunft«

schlachten diese intuitive Vorstellung weidlich aus. Aber die Zeitrichtung ist eine Illusion. Hier ein Zitat von Albert Einstein: *»Für uns überzeugte Physiker hat die Scheidung zwischen Vergangenheit, Gegenwart und Zukunft nur die Bedeutung einer wenn auch hartnäckigen Illusion.«* Jemand, der sich in letzter Zeit ausführlich mit der Illusion der Zeitrichtung beschäftigt hat und gnadenlos gut ist, ist Julian Barbour (siehe Literatur zu dem Thema am Ende dieses Artikels).

WELTKONFIGURATIONEN

Warum gibt es keine Zeitrichtung mit der Eigenschaft »Vergangenheit, Gegenwart und Zukunft«? Nun, was faktisch und zweifelsfrei existiert, ist unsere Welt und die Dinge darin, die sich fortwährend anders anordnen. Nennen wir so eine Anordnung »Konfiguration«. Ihr Körper hat jetzt eine bestimmte Konfiguration seiner Atome. Weil Sie atmen, essen, trinken und durch den damit verbundenen Stoffwechsel ändert sich die Anzahl, Struktur und Verknüpfung Ihrer Körperzellen, und somit ändert sich Ihre Konfiguration fortwährend. Man würde sagen, Sie altern. Nehmen wir jetzt an, Sie kaufen sich eine neue mechanische Uhr. Durch Verschleiß ändert sich deren Konfiguration. Nach 20 Jahren funktioniert sie nicht mehr, und Sie bringen sie zum Uhrmacher. Nehmen wir an, er restauriert sie so, dass sie exakt dieselbe Konfiguration hat wie damals, als sie neu war. Hat er Ihre Uhr damit in die Vergangenheit zurückgebeamt? Nein, sicherlich nicht, denn sie existiert jetzt und hier in unserer Welt, würden Sie sagen. Stimmt. Aber was ist, wenn es jemanden gäbe, der auch Ihren Körper so restaurieren würde, wie Sie vor 20 Jahren waren – und nichts spricht dagegen, dass das möglich wäre. Es gäbe Sie wie vor 20 Jahren. Exakt so! Wären Sie in die Vergangenheit zurückgebeamt? Nein, genauso wenig wie Ihre Uhr.

Doch hier regt sich in Ihnen wahrscheinlich Widerstand. Ich, wie vor 20 Jahren! Das ist doch meine Vergangenheit, oder? Nein, dieses Denken ist reiner Kohlenstoff-Chauvinismus. Obwohl Sie ein Mensch aus Fleisch und Blut sind, unterscheidet Sie rein konfigurationslogisch nichts von Ihrer Uhr! Jetzt spinnen wir diesen Gedanken einmal weiter. Angenommen, es gäbe jemanden, der könnte Ihre gesamte Familie, Ihr Haus, in dem Sie vor 20 Jahren gewohnt haben, alles, was es damals für Sie so gab, irgendwo auf unserer Welt genauso wieder aufbauen. Das ist im Prinzip möglich. Obwohl Sie Ihre Vergangenheit damit noch einmal exakt so wie früher durchleben würden, wären wir damit in der Zeit zurück in die Vergangenheit gereist? Nein, natürlich nicht!

ALTERN IST ZUNAHME DER UNORDNUNG

Fassen wir zusammen. Es gibt nur diese eine unsere Welt, in der sich die Konfigurationen nach Belieben verändern können. Aber jetzt kommt es: Die Thermodynamik sagt, die Gesamtkonfiguration der Welt kann sich nicht nach Belieben ändern, sondern muss immer unordentlicher werden – man würde sagen »muss altern«. Das ist das Gesetz der Zunahme der Entropie. Tatsächlich nimmt die Unordnung natürlicherweise überall zu. Man sagt »Alles altert«. Eine Uhr, Ihr Körper … Aber es ist durchaus möglich, einzelne Dinge ordentlicher zu machen, etwa die Uhr zu reparieren oder sogar einen Menschen jünger zu machen. Das geht jedoch auf Kosten einer übermäßigen Zunahme der Unordnung der Umwelt (das Werkzeug des Uhrmachers verschleißt bei der Reparatur Ihrer Uhr). So nimmt die Unordnung der gesamten Welt trotzdem zu, obwohl die Unordnung einzelner Dinge abnehmen kann.

Was ist in diesem Szenario die Zeit? Nun, die möglichen Konfigurationen ändern sich IN der Zeit. Aristoteles: »*(…) geht alles auch ohne eigene Bewegung zugrunde. Gerade dieses pflegen wir vor al-*

lem das Zugrundegehen durch die Zeit zu nennen. Allerdings bewirkt dies nicht die Zeit selbst, sondern es ergibt sich so, dass diese Veränderung in der Zeit abläuft.« Das Konzept »Vergangenheit und Zukunft« zerrieselt einem also zwischen den Fingern.

UNMÖGLICHKEIT VON ZEITREISEN

Wenn es keine Vergangenheit und Zukunft gibt, dann können wir natürlich auch nicht in die Vergangenheit oder Zukunft reisen. Wo sollten wir dazu auch hinreisen in dieser einen Welt? Wir könnten höchstens mit verdammt viel Aufwand einen anderen geeigneten Planeten irgendwo dort draußen so umbauen, dass er exakt so ist, wie vor 20 Jahren die Erde war, mit exakt den Kontinenten, Städten und Menschen wie damals. Wenn wir dann dorthin reisen, reisen wir dann in die Vergangenheit? Natürlich nicht, denn diese Erdkopie existiert jetzt.

Was also ist Zeit? Nun, Zeit ist lediglich das »Medium«, das die Möglichkeit bietet, dass sich durch Bewegung in ihm die Konfigurationen der Welt ändern. Aristoteles (384 v. Chr. – 322 v. Chr.) nennt Zeit das zählende Maß für die Bewegung. (Eine Uhr zählt die Zeit. Sie zeigt aber keine Zeitrichtung an, denn die Zeiger könnten sich durchaus auch andersherum drehen.) Um es etwas anders darzustellen, Zeit bildet nur eine Bühne für Veränderungen, mehr nicht. Interessant ist, dass sich diese Bühne dehnen und strecken kann (ihr Maß ändert sich). Die Streckung hängt, so Einstein, von der lokalen Gravitation und Eigengeschwindigkeit ab. Weil wir uns als Existenzen in dieser Bühne mitstrecken, merken wir nichts von der Streckung – für uns selbst läuft Zeit immer gleichmäßig schnell. Jedoch ein Außenstehender, der uns betrachtet, nimmt unser Zeitmaß anders, nämlich als langsameren Ablauf der Bewegung, wahr.

Wenn wir also in einem Raumschiff mit fast Lichtgeschwindigkeit zu einem anderen Stern fliegen und uns Erdbewohner mit einem Riesenfernrohr dabei beobachten könnten, was wir an Bord tun, dann würden die sehen, dass wir uns viel langsamer bewegen würden (unsere Zeit läuft für die langsamer, während für uns an Bord nichts langsamer läuft). Zurück auf der Erde hat sich die Konfiguration unseres Körpers daher langsamer verändert, als wären wir auf der Erde geblieben. Umgekehrt betrachtet ist für uns im Raumschiff die Zeit immer gleich schnell verlaufen, aber die Zeit auf der Erde ist schneller verlaufen. Wenn wir auf die Erde zurückkommen, schiene es uns daher, als landeten wir in der Zukunft der Erde, während die Erdenbürger sagen würden, wir sind in der Vergangenheit zurückgeblieben. (Für Experten: Dass sich die Raumschiffzeit gegenüber der Erde verlangsamt und nicht umgekehrt, hat etwas mit der Krümmung der Weltlinie (siehe en.wikipedia.org/wiki/World_line) des Raumschiffs zu tun. Die Weltlinie der Erde ist demgegenüber nahezu ungekrümmt.) Aber beides stimmt nicht. Es gibt keine Zukunft oder Vergangenheit, sondern nur diese eine Welt, in der die Unordnung der Erde schneller fortschritt als die unseres Körpers. Dies ist es, was man in der Relativitätstheorie Einsteins unter einer Zeitreise in die Zukunft versteht.

Literatur zu dem Thema

- Craig Callender, *Ist Zeit eine Illusion?*, Spektrum der Wissenschaften, Oktober 2010, S. 32–39.
- Julian Barbour, *The End of Time: The Next Revolution in Physics*, Oxford University Press, 1999, ISBN 0-7538-1020-4 (siehe auch http://platonia.com/nature_of_time_essay.pdf).

EMERGENZ – MEHR IST ANDERS!

32

Wie lässt sich Liebe, Angst, Farbempfinden oder Neugier als neuronales Substrat wissenschaftlich verstehen? Die Antwort: Solch emergente Eigenschaften sind nicht weiter reduzierbare Phänomene!

Meine Artikel entstehen meist zufällig: Irgendjemand stellt mir eine interessante Frage zu einem Thema, über das ich mir bis dahin noch keine Gedanken gemacht habe, und dann packt es mich, das damit verbundene Problem zu durchleuchten.

Dieses Mal war es etwas anders. Ich stolperte über eine Sentenz von Demokrit (460/459 v. Chr. – 371 v. Chr.): *»Durch Konvention gibt es Farbe, durch Konvention Süße, durch Konvention Bitteres, in Wirklichkeit aber nur Atome und Leere.«*

ATOMISTEN GEGEN ARISTOTELIKER

Worum geht es? Damals in der Antike gab es einen Streit zwischen den Gelehrten, wie unsere Welt grundlegend aufgebaut ist. Auf der einen Seite das Lager der Atomisten, darunter und als Vordenker Demokrit, für die die Welt aus Atomen (nichts kann unendlich teilbar sein) und Vakuum (also Leere, damit sich Atome im Raum überhaupt bewegen können) aufgebaut war.

Auf der anderen Seite die Denkschule um Platon und seinen Schüler Aristoteles. Für sie konnte es keine Leere geben, alles musste irgendwie mit etwas ausgefüllt sein. Daher postulierten sie Hyle, den Urstoff der Materie, eine Art formbares Fluidum. Im Mittelalter und in der Frühen Neuzeit setzte sich das naturwissenschaftliche Weltbild von Aristoteles durch. Nicht weil es richtig ist, im Gegenteil, es ist grottenfalsch, aber weil es ein Weltbild war, also alles in unserer Welt einigermaßen konsistent erklären konnte. Im Hochmittelalter gab selbst die Kirche durch ihren Vordenker Thomas von Aquin dem Aristotelismus den Ritterschlag, und ab da stand er wie ein Fels in der Brandung.

DAS ERKLÄRUNGSPROBLEM DER ATOMISTEN …

Demokrit hingegen interessierten nur die Naturwissenschaften, und dabei war er nach meiner Einschätzung ein gnadenlos guter Denker. Damit kann man sich Feinde machen, nämlich wenn man zu anderen Schlüssen kommt, als anderen lieb ist. Und da hatte er mit Platon den mächtigsten Philosophen seiner Zeit gegen sich.

Weil Demokrit manches gut erklären, aber kein konsistentes Weltbild vorweisen konnte, konnte er auch nicht sagen, wie Farben, Süße und Bitteres in unserer Welt zustande kommen. Er hatte nur die vage Vorstellung, dass die Atome in unendlich vielen Formen vorkommen: »Manche Atome sind rau, andere hakenförmig, andere konkav oder konvex, und es gibt andere, zahllos verschiedene Formen.« Diese unterschiedlichen Formen lösen in unseren Sinnesorganen dann angeblich die besagten Sinnesempfindungen aus. Was beim Geschmack noch einigermaßen stimmt, ist für die Sinnesempfindung »Farbe« jedoch schlichtweg falsch. Da hatte Demokrit einfach geraten.

... DAS BIS HEUTE BESTEHT

Wir wissen heute, unsere Welt besteht tatsächlich aus Atomen im Vakuum. Eine Antwort auf die Frage, wie dann Farbempfinden, Liebe oder Selbstbewusstsein damit zu erklären ist, bleiben uns jedoch auch die modernen Atomisten schuldig. Wir wissen sogar, dass sie das nie erklären können. Nicht weil zu kompliziert, sondern grundsätzlich nicht.

An dieser recht neuen Erkenntnis reiben sich die Naturwissenschaftler immer noch, denn bei ihnen gilt unausgesprochen der Glaube an den Reduktionismus, also der Glaube, alles in unserer Welt ließe sich durch Reduktion auf seine Grundbausteine und deren Eigenschaften erklären. Reduktionismus funktioniert deswegen nicht immer, weil es in unserer Welt das Phänomen der Emergenz gibt.

WAS IST EMERGENZ?

Die Idee der Emergenz ist nicht neu und taucht in der Geschichte der Naturwissenschaften immer wieder auf. Interessanterweise zum ersten Mal bei Aristoteles, der sagte: *»Das Ganze ist mehr als die Summe seiner Teile.«* Damit meinte er, etwas Zusammengesetztes kann Eigenschaften haben, die nichts mehr mit den Eigenschaften seiner Teile zu tun haben. Hier drei Beispiele: Wasser ist nass, Wassermoleküle nicht. Schneeflocken haben Strukturen, die sich nicht aus der Symmetrie von Wassermolekülen erklären lassen. Liebe, Angst oder Selbstbewusstsein lassen sich nicht aus der Interaktion von Neuronen erklären, obwohl wir wissen, dass sie darauf basieren.

Schneeflocken fotografiert von Wilson Bentley 1902. (Bild: public domain) Lediglich die sechszählige Symmetrie einer Schneeflocke und dass jeder Kristallfinger (Dendrit) mehr oder weniger spiegelsymmetrisch sein muss, liegt in der atomaren Eigenschaft eines Wassermoleküls begründet. Der ansonsten große Formenreichtum beruht auf der komplexen Interaktion zwischen den Wassermolekülen.

MEHR IST ANDERS

Die ganze Wucht dieses Problems und Erklärung, dass Reduktionismus nicht durchgehend funktioniert, sondern komplexe Systeme neue, emergente Eigenschaften zeigen, beschrieb im Jahr 1972 der Physiker und Nobelpreisträger Philip Warren Anderson in seinem berühmt gewordenen Artikel »Mehr ist anders«.

Hier meine Definition von »Emergenz«, die sich an die des Ökonomen Jeffrey A. Goldstein anlehnt: Die sogenannte »starke Emergenz« ist das Erscheinen neuer kohärenter Strukturen oder Eigenschaften, die im Rahmen des Selbstorganisationsprozesses eines komplexen Systems aus der Interaktion seiner Bestandteile entstehen, ohne dass sie sich aus den Eigenschaften der Bestandteile irgendwie ableiten lassen.

Der Punkt ist also weniger der, dass man zum Verständnis der Welt sie nicht einfach auf ihre Bestandteile reduzieren kann, sondern dass auf jeder höheren Komplexitätsebene neue Eigenschaften entstehen, die sich nicht mehr aus der vorherigen erklären lassen. Daher macht es keinen Sinn, die DNA eines Menschen zu entschlüsseln, um zu verstehen, wie daraus Selbstbewusstsein entsteht. Das wird nicht funktionieren. Aber selbst menschliche Charaktereigenschaften, wie selbstbewusst, überheblich, egozentrisch oder altruistisch, werden sich in ihrem ganzen Formenreichtum wohl nie aus der DNA ableiten lassen, obwohl die meisten sicherlich genetisch geprägt sind. Charaktereigenschaften vererben sich bekanntlich.

Daher gibt es zu jeder Komplexitätsebene eine eigene etablierte Wissenschaft, nämlich Atomphysik, Chemie, Biologie, Psychologie, die nicht aus einer jeweils anderen hervorgeht. So ist Psychologie keine angewandte Biologie, Biologie keine angewandte Chemie, und keine von ihnen ist eben angewandte Atomphysik.

Aus den physikalischen Grundgesetzen, etwa Gravitationsgesetz, Newtonsche Gesetze, Einsteinsche Feldgleichungen, Maxwell-

Gleichungen, lässt sich eben nicht unsere Welt in ihrer ganzen Komplexität ableiten, obwohl sich sehr vieles in unserer Welt auf diese Gesetze reduzieren lässt. In der Tat scheint es so zu sein, dass je mehr die Elementarteilchenphysiker uns etwas über ihre Erkenntnisse erzählen – etwa der Fund und die Bedeutung des Higgs-Teilchens –, umso weniger scheinen sie Relevanz für die nachgeordneten Wissenschaften und überhaupt für unser Leben zu haben.

WANN IST **GLEICHES GLEICH**?

33

Diese Frage beschäftigt Philosophen seit Jahrhunderten: Wann sind Dinge einzigartig und wann identisch? Die Antwort darauf erscheint trivial, doch die Natur hält eine Überraschung parat.

Mich gibt es seit etwas mehr als 64 Jahren. Durch meine Erinnerungen kann ich all die Jahre zurückverfolgen, bis etwa zu meinem vierten Lebensjahr. Wenn jemand lediglich Bilder von mir kurz nach meiner Geburt, aus meiner Jugend und von heute vergleicht, wäre diese Identität für ihn fraglich. Er könnte glauben, das könnten auch andere Menschen gewesen sein. Aber ich kann diese Identität beweisen. In meiner Geburtsurkunde steht mein Name, Ulrich Walter, geboren am 9. Februar 1954 in Iserlohn, mit Angabe meiner Eltern. Diese Geburtsurkunde zusammen mit meinem aktuell gültigen Personalausweis oder Reisepass reicht, um jeden von dieser langjährigen Identität hinreichend zu überzeugen.

FLIESSENDE IDENTITÄT IM ALLTAG

Dieses Beispiel zeigt, dass wir die Identität bei Menschen nicht an feste Eigenschaften knüpfen, sondern gewisse Veränderungen von ansonsten identischen Dingen akzeptieren. Ein alternder Mensch behält seine Identität. Selbst wenn ich im Laufe des Lebens einen Finger oder gar einen ganzen Arm verloren hätte, wäre ich immer noch ich. Doch wo sind die Grenzen? Wenn man den Kopf vom Körper eines Menschen trennt und beide Teile künstlich weiterbeleben würde, gäbe es dann zwei identische Personen? Sicherlich nicht. Intuitiv akzeptiert man höchstens den Sitz des Verstandes, also den Kopf eines Menschen, mit seiner Identität.

Vor zwei Jahren wurde ein Baum an der Straße bei mir um die Ecke gefällt, nur der Stumpf ragte noch aus dem Boden. War dieser Stumpf noch der Baum, den ich kannte? Sicherlich nicht. Heute hat der Baumstumpf einen kräftigen Seitentrieb entwickelt, man könnte auch »einen kleinen Stamm« sagen. Hier entwickelt sich also wieder ein Baum. Ist dieser neue Baum der alte Baum? Falls nicht, wo würde man den Baum abschneiden müssen, damit man den Rest mit den neuen Trieben noch als »alten Baum« bezeichnet? Wo sind da die Grenzen?

DAS SCHIFF DES THESEUS

Das Äquivalent zu meinem Baumparadox war in der Antike das »Schiff des Theseus«. Es entspringt einer griechischen Legende von Plutarch: Theseus, ein Held der griechischen Mythologie, befreite Athen von der Herrschaft des Minotaurus auf Kreta und fuhr nach seiner Tat schließlich mit einer Galeere zurück nach Athen. Aus Dank dafür hielten die Athener über Jahrhunderte die Galeere im gebrauchsfähigen Zustand, indem sie alte Holzplanken gegen neue austauschten. So weit die Legende.

Die Frage, die nun unter antiken Philosophen umstritten war, ist: Ist das Boot nach dem Austausch der Planken immer noch das Boot von Theseus oder ein anderes Boot? Im 17. Jahrhundert verschärfte der britische Philosoph Thomas Hobbes (1588–1679) das Identitätsproblem, indem der annahm, dass die alten Planken nicht weggeworfen, sondern daraus wieder eine Galeere gebaut wurde. Nach dem kompletten Umtausch aller Planken und Teile hatte man zwei Galeeren. Waren dies zwei identische Galeeren? Und vor allem, welche war die ursprüngliche?

All diese Identitätsprobleme sind Scheinprobleme. Sie entspringen unserem Schubladendenken. Das Identitätsproblem besteht darin, dass wir jeden Gegenstand in unserer Welt unbedingt eindeutig einer Schublade zuweisen wollen. So ist aber unsere Welt nicht. Identitäten sind im Allgemeinen fließend. Dies betrifft nicht nur Galeeren und Bäume, sondern ebenso Menschen und somit auch mich. Obwohl meine juristische Identität zeit meines Lebens unverändert bleibt, ändert sie sich mit jeder Verletzung und tatsächlich mit jedem neuen Gedanken, der die Konfiguration meiner Neuronen und somit mein Denken verändert. Panta rhei, alles fließt, war bereits die Erkenntnis des Philosophen Heraklit.

DAS PROBLEM DER DOPPELTEN IDENTITÄT

Das Identitätsproblem hat auch eine andere Seite. Sind zwei absolut gleiche Dinge auch identisch? Dagegen sträubt sich unsere Erfahrung. Selbst wenn zwei Dinge auch noch so gleich aussehen, gibt es immer ein noch so kleines Unterscheidungsmerkmal, das ihre Identität sicherstellt. Eine Euro-Münze ist daher nie exakt gleich einer anderen, selbst wenn sie prägefrisch ist. Sogar zwei absolut gleiche Dinge in unserer Welt können allein durch ihren unterschiedlichen Ort voneinander unterschieden werden: Die eine Münze liegt links vor mir, die andere rechts. Dies bekräftigt unsere Vermutung, dass alle Dinge in unserer Welt immer eine eigene Identität besitzen müssen.

Die Philosophen waren über Jahrtausende von dieser Logik so überzeugt, dass sie diesem Prinzip einen eigenen Namen gaben, »principium identitatis indiscernibilium«, der Satz der »Identität des Ununterscheidbaren«. Er besagt, dass zwei reale Objekte, wenn sie nicht ein und dasselbe sind, sich in mindestens einer beobachtbaren Eigenschaft voneinander unterscheiden, oder umgekehrt ausgedrückt, wenn etwas ununterscheidbar ist, dann ist es identisch, also dasselbe! Bereits die Stoiker der Antike kannten dieses Identitätsprinzip.

DIE DREI KLASSISCHEN DENKGESETZE

Weil diese Einsicht so grundsätzlich scheint, gehört sie zu den drei klassischen Denkgesetzen, nämlich: der

1. *Satz der Identität*, der
2. *Satz vom Widerspruch*
   (eine Aussage kann nicht zugleich wahr und falsch sein) und der
3. *Satz vom ausgeschlossenen Dritten*
   (entweder etwas existiert oder es existiert nicht. Eine dritte Möglichkeit gibt es nicht).

Das Denkgesetz *Satz vom zureichenden Grunde* (alles muss eine Ursache haben) ist nicht klassisch, sondern wurde erst von Leibniz aufgebracht.

Diese Denkgesetze sind Axiome, also nicht weiter beweisbare Aussagen. Die antiken, aber auch die meisten neuzeitlichen

Philosophen waren der Annahme, sie seien wahr, weil einfach logisch. Wir wissen heute, der Satz der Identität ist nicht allgemeingültig und somit falsch. Mit anderen Worten, es gibt gleiche Dinge in unserer Welt, die sogar ununterscheidbar und somit absolut identisch sind! Das klingt unglaublich, aber wir wissen heute, das ist tatsächlich so.

IN DER QUANTENWELT IST GLEICHES IDENTISCH

Es überrascht uns nicht, wenn so etwas in der Quantenwelt passiert, weil dort vieles nicht so ist, was wir für logisch halten. Dort gibt es bekanntlich Elementarteilchen, mit absolut gleichen Eigenschaften. Nehmen wir ein Elektron. Alle Elektronen haben identische Masse, positive Einheitsladung und Gesamtspin. Sie können sich (müssen aber nicht) lediglich in der Ausrichtung des Spins in einer vorgegebenen Richtung unterscheiden. Ein Atom einer bestimmten Sorte besteht komplett aus Elementarteilchen (Protonen, Neutronen, Elektronen). Äußerlich gesehen ist also ein Wasserstoffatom H identisch zu jedem anderen. Auch aus Atomen zusammengesetzte Moleküle, etwa Wassermoleküle H_2O, sind identisch zu anderen Wassermolekülen.

»Halt!«, möchte man sagen, das stimmt nicht, denn zu einem gegebenen Zeitpunkt kann ich die Atome nach ihrem Ort identifizieren und durchnummerieren und ihnen somit eine eindeutige Identität zuordnen. Doch dem schiebt die Quantenphysik einen Riegel vor. Demnach besitzt ein Elementarteilchen oder Atom oder Molekül keinen exakten Ort, sondern wird bestimmt durch eine Wellenfunktion. Der Betrag der Wellenfunktion beschreibt die Aufenthaltswahrscheinlichkeit eines Teilchens an verschiedenen Orten. Das Maximum der Wahrscheinlichkeit nennt man üblicherweise seinen Ort. Aber mit der Zeit verschmieren die Wellenfunktionen, bis man irgendwann nicht mehr sagen kann, wo sich ein anfängliches Teilchen befindet. Weil das mit den Wellenfunktionen aller gleichen Teilchen passiert und sie sich so immer mehr überlappen, kann man später, wenn man eines ausgemacht hat, nicht mehr sagen, welches der vorherigen es war. Also sind Teilchen in der Quantenwelt auch vom Ort her nach extrem kurzer Zeit nicht mehr unterscheidbar.

... UND DAS SIND DIE KONSEQUENZEN

Man könnte sagen, dies sei ein reines Gedankenspiel und für unsere Welt irrelevant. Dem ist nicht so, denn es hat eine wichtige Konsequenz. Nehmen wir ein Glas reines Wasser. Seine Energie wird unter anderem bestimmt durch seine Entropie, also den Grad der Unordnung seiner identischen H_2O-Moleküle. Ein Glas Wasser hat, wenn es lange genug herumsteht, eine maximale Unordnung seiner Atome, also maximale Entropie und entsprechend minimale Energie. Wenn ich ein weiteres Glas Wasser danebenstelle und die Wand zwischen beiden beseitige, dann besitzt das nun doppelt so große Glas wegen der Identität aller Moleküle immer noch die maximale Entropie und somit minimale Energie. Wenn ich aber ein Glas H_2O und ein Glas D_2O (schweres Wasser, was sich durch die Eigenschaft »Deuterium« statt »Wasserstoff« unterscheidet, aber chemisch absolut gleich ist) zusammenführe, dann können sich die beiden leicht unterschiedlichen Flüssigkeiten mischen und die Entropie erhöhen. Dadurch verringert sich auch die Energie des Wassers im ganzen Glas, was man messen kann. In der klassischen Mechanik, in der nach dem Satz der Identität alles unterscheidbar war, konnte man dieses unterschiedliche Verhalten nicht verstehen und nannte es Gibbssches Paradox. Erst durch das Verständnis, dass Elementarteilchen und Atome derselben Sorte absolut identisch sind, konnte man das Paradox lösen.

DAS **UNDENKBARE** DENKEN

34

Undenkbares denken will gelernt sein. Am besten, man übt es an einigen Beispielen.

Denkknoten vom Typ *»Urknall und Unendlichkeit – Big Bang im Kopf«* (→ Seite 75 ff.) gibt es viele, insbesondere in der Kosmologie. Sie lassen sich nur lösen, wenn man den eigenen Denkhorizont überschreitet, also einfach ganz anders denkt und somit das bis dahin für einen selbst Undenkbare denkt.

Hier ein schönes Beispiel: Sie bekommen die Aufgabe, einen Holzwürfel zu bauen, der aus zwei gleich großen auseinandernehmbaren Teilen mit vorgegebener Form besteht, wie in der Abbildung dargestellt. Die erste Reaktion ist, das ist nicht möglich. Aber das Bild ist echt, kein Fake! Man stutzt und sagt sich: Komisch, wie kann das gehen, wo die Schwalbenschwanznuten sich doch dann kreuzen müssten? Genau das ist der Knoten im Kopf. Es bedarf nur eines einzigen anschaulichen Bildes, um diesen Knoten zu lösen. Wer es sofort wissen will, sieht gleich am Ende dieses Artikels nach.

Bauen Sie diesen Würfel aus zwei unterschiedlichen Teilen, die sich auseinandernehmen lassen. Das geht nicht? Geht doch, denn dieses Bild habe ich von einem echten Würfel gemacht. (Bild: U. Walter)

ÜBERLICHTGESCHWINDIGKEIT TROTZ EINSTEIN?

In der Kosmologie gibt es wie gesagt viele solcher Denkknoten. Wer einmal verstanden hat, dass sich nichts in unserem Universum schneller als Lichtgeschwindigkeit bewegen kann, weil dies unlogisch wäre, der steht vor dem Widerspruch, dass sich in unserem Universum weit entfernte Galaxien mit Überlichtgeschwindigkeit von uns wegbewegen können. Wie passt das zusammen?

Weil es da einen wichtigen Unterschied zwischen beiden Situationen gibt. Dass sich nichts schneller als Lichtgeschwindigkeit bewegen kann, ist das Ergebnis der Speziellen Relativitätstheorie Einsteins (SRT) aus dem Jahr 1905. Diese Aussage bedarf einer Präzisierung, die oft nicht erwähnt wird. Die Aussage müsste genau lauten: »Jeder massenbehaftete Körper in unserem Universum kann sich bezüglich eines externen Beobachters im Raum nicht schneller als mit Lichtgeschwindigkeit bewegen. Hingegen können sich Teilchen, die keine Masse besitzen, sich ausschließlich nur mit Lichtgeschwindigkeit ausbreiten.« Zu den masselosen Teilchen gehören natürlich die Lichtteilchen, die Photonen.

Die Knackpunkte sind »bezüglich eines externen Beobachters« und »im Raum«. Die Sache wird nämlich anders, wenn nicht der externe Beobachter die Geschwindigkeit eines Körpers wahrnimmt, sondern der Körper seine Geschwindigkeit bezüglich seines Umfeldes misst, also etwa ich, der ich als Astronaut in einem Raumschiff fliege und meine Geschwindigkeit bezüglich anderer Sterne oder Galaxien messe. Diese selbst wahrgenommene Geschwindigkeit kann in der SRT sehr wohl größer als Lichtgeschwindigkeit, tatsächlich sogar beliebig groß werden. Da meine eigene Wahrnehmung tatsächlich die einzig relevante für mich ist, ist die Relativitätstheorie tatsächlich gar nicht relativ, sondern ziemlich absolut, wie Einstein selbst einmal feststellt. Das Wort »Relativität« bezieht sich lediglich auf die Tatsache, dass sich Geschwindigkeit nur relativ zu etwas anderem messen lässt. Es bedeutet nicht, wie leider fälschlicherweise oft behauptet wird, dass Standpunkte beliebig relativ sein können. In der Relativitätstheorie gibt es einen ausgezeichneten absoluten Standpunkt, und das ist das System, das betrachtet wird, das sogenannte Eigensystem.

WENN DER RAUM SICH SELBST BEWEGT

Der andere Knackpunkt ist »Körper im Raum bewegen«. Was aber ist, wenn sich Raum selbst »bewegt«? Denn in seiner Allgemeinen Relativitätstheorie (ART) stellte Einstein fest, dass Raum krumm und flexibel sein kann. Die Konsequenzen der Krümmung auf die globale Form des Universums habe ich im Artikel *Raumkurven – Wie sieht unser Universum aus?* meines Buches *Im Schwarzen Loch ist der Teufel los* beschrieben. Dass Raum flexibel sein kann, bedeutet, dass er sich auch ausdehnen oder schrumpfen kann. Dabei erfahren Körper, die in dem Raum ruhen, eine Abstandsänderung. Tatsächlich kommt der Dehnungs- und Schrumpfungsprozess effektiv einer Geschwindigkeit der Abstandsänderung gleich. Wenn ich beobachte, dass sich eine Galaxie von mir wegbewegt, kann ich nicht unterscheiden, ob sie sich mit der beobachteten Geschwindigkeit im Raum von mir entfernt oder ob sie im Raum ruht und sich die Geschwindigkeit dadurch ergibt, dass sich der Raum zwischen ihr und mir ausdehnt.

Wenn sich der Raum des Universums überall gleichmäßig ausdehnt – und wir wissen, das tut er –, dann entfernt sich eine Galaxie im Abstand x von mir mit einer gewissen Geschwindigkeit von mir. Eine Galaxie in doppelter Entfernung 2x entfernt sich dann doppelt so schnell von mir, in dreifacher Entfernung 3x, also dreimal so schnell, usw. Damit wird sofort klar: Egal wie schnell sich das Universum ausdehnt, es muss einen Abstand geben, jenseits dessen sich Galaxien mit Überlichtgeschwindigkeit von uns wegbewegen. Sendet eine Galaxie jenseits dieses Grenzabstandes Licht aus, dann wird es uns natürlich nie erreichen. Daher nennt man diesen Grenzabstand auch »Beobachtungshorizont«. Alles, was sich jenseits dessen befindet, sehen wir nicht und werden wir auch niemals sehen.

WENN ALLES UM UNS HERUM DUNKEL WIRD …

Noch schlimmer, weil die Ausdehnung des Raumes in unserem Universum zunimmt, also schneller wird (siehe den Artikel *Das Ende aller Dinge – Der Big Rip* in meinem Buch *Im Schwarzen Loch ist der Teufel los*), rückt dieser Beobachtungshorizont immer näher an uns heran. Es hängt von der genauen Beschleunigung der Zunahme ab, wann wir nicht einmal mehr unsere nächste Milchstraße und irgendwann sogar nicht einmal mehr den nächsten Stern sehen werden. Nach allem, was wir heute wissen, wird das tatsächlich alles irgendwann so sein. Irgendwann wird alles um uns herum dunkel, und irgendwann danach dehnt sich das Universum so stark aus, dass der Raum sogar unseren Körper ausdehnt und uns zerreißt. Das wäre der berühmte Big Rip. Noch wissen wir nicht mit Sicherheit, dass es so kommen wird, aber im Augenblick spricht nichts dagegen. Das Einzige, was beruhigend ist – dieses Endstadium käme erst in vielen 100 Milliarden Jahren. Also keine Panik!

So ist der Würfel gebaut. Wenn man die Nutenführung sieht, ist alles klar. Wenn man die Lösung nicht kennt, hält man es für unmöglich. (Bild: U. Walter)

ANLEITUNG ZUM GLÜCKLICHSEIN – **WAS IST GLÜCK?**

35

Wie wird man glücklich, und was ist der Sinn des Lebens? Ein wissenschaftlich-philosophisches Vademekum in vier Teilen. Erster Teil.

Im Grunde ist die Sache ganz einfach: Man ist glücklich, wenn man etwas gern tut. Hier ein schönes Beispiel: Im Jahr 2013 wurden Frauen weltweit befragt, was sie gern tun. So lautete eine Frage: Würden Sie lieber eine Woche lang keinen Sex oder eine Woche lang kein Smartphone haben? Das Ergebnis lautete, im weltweiten Schnitt würden Frauen lieber eine Woche lang keinen Sex haben. Das sagten jedenfalls 51 % der Frauen. Interessant sind die nationalen Unterschiede. 57 % der Frauen in den USA würden lieber eine Woche keinen Sex haben, jedoch nur 40 % der Frauen in Frankreich und immerhin 46 % der deutschen

Frauen. Um es salopp zu formulieren, Frauen sind Smartphones etwa genauso wichtig wie Sex. Besser ist natürlich, frau hat beides. Es heißt, manche schaffen sogar beides gleichzeitig.

Das besagt natürlich noch nichts über den allgemeinen Glückszustand von Frauen und überhaupt von Menschen. Dazu braucht man zweierlei: Erstens muss man Glücklichsein quantitativ messbar machen (fachlich gesprochen »metrisieren«), und zweitens muss man die Einflussfaktoren kennen. Beides hat die empirische Wissenschaft natürlich schon gemacht. Diese Art der Wissenschaft fragt lediglich danach, wie gewisse Dinge in unserer Welt sind und nicht, warum sie so sind, aber das reicht für eine Anleitung zum Glücklichsein allemal.

GLÜCKSMETRIK

Wie kann man Glück messbar machen? Der Trick ist einfach und funktioniert bei allen subjektiven Empfindungen (sogenannte Qualia) gleich gut. Man definiert eine kontinuierliche Skala von 0 bis 10 und fragt einfach die Menschen, wo sie auf dieser Skala ihre Empfindung einordnen.

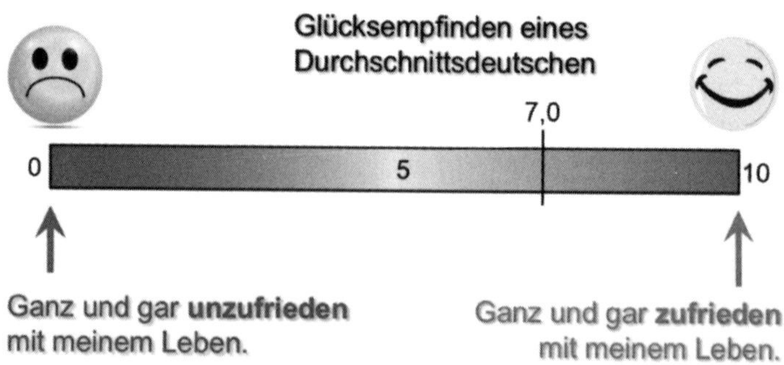

Auf einer Skala von 0 bis 10 liegt das Glücksempfinden eines Durchschnittsdeutschen bei etwa 7,0. (Bild: U. Walter)

Gemäß einer Umfrage der Deutschen Post (!) aus dem Jahr 2017 liegt das Glücksniveau der Deutschen auf dieser Skala bei 7,07, sagen wir der Einfachheit halber 7,0. Das ist zwar interessant, aber was man eigentlich wissen möchte, ist: Wie groß sind die Unterschiede zwischen den Menschen und was beeinflusst unser Glücklichsein?

DER GLÜCKS-BASISWERT

Die empirische Glücksforschung hat herausgefunden: Jeder Mensch hat einen individuellen Glückswert, den er sein Leben lang behält und der sich kaum ändert. Der wird – wer hätte es gedacht – durch seine Gene bestimmt. Es gibt halt Menschentypen, die das Leben so nehmen, wie es ist, immer mit einem Lächeln auf den Lippen, und es gibt die Dauer-Missmutigen, denen gar nichts passt. Damit komme ich zu einer Hypothese von mir, wie sich Glück bestimmt:

$$\textbf{Glück} = \frac{\textbf{Mein Leben, wie es tatsächlich ist}}{\textbf{Mein Leben, wie ich es erwarte}}$$

Dieses durchaus auch mathematisch zu verstehende Verhältnis (Bruch) ist zwar wissenschaftlich nicht bestätigt, es kann aber einiges erklären, etwa die unterschiedlichen Basiswerte. An den Tatsachen des Lebens kann man oft nicht viel ändern. Viele Dinge, gute wie schlechte, kommen meist unverhofft. Wie ich sie empfinde, hängt von der Erwartung an die Lebensumstände ab. Wenn ich viel erwarte, dann werde ich bei gleichen Lebensumständen weniger glücklich sein, als wenn ich vom Leben nicht viel erwarte. Die Gene (in Entwicklungsländern auch die unveränderbare Gesellschaftsschicht, in die man hineingeboren wurde) prägen also meine Erwartung an das Leben und bestimmen bei ansonsten gleichen Lebensschicksalen den Glücks-Basiswert meines Lebens. Die erste Lebensregel, um glücklich zu sein, lautet daher: Nimm das Leben leicht, und erwarte nicht zu viel!

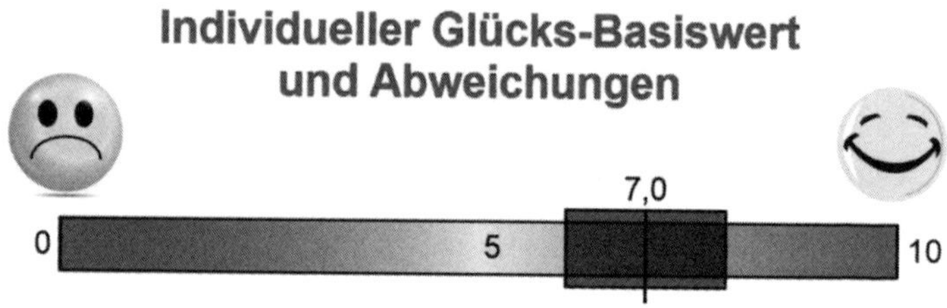

Jeder Mensch hat seinen Glücks-Basiswert. Um den bewegt er sich sein Leben lang in der Bandbreite von etwa ± 0,5. (Bild: U. Walter)

GLÜCKSGÜTER

Doch welche Umstände (Glücksgüter) beeinflussen meinen Glückswert und ändern ihn dauerhaft? Die Frage lautet also: Wie kann ich ohne Änderung meiner Lebenserwartung Umstände herbeiführen, sodass ich glücklicher werde? Der alte Aristoteles kannte bereits die wesentlichen Glücksgüter: Vermögen, Gesundheit, Ehre, Vergnügen und Bildung. Die erste Erfahrung der Empirie ist, dass solche Lebensumstände den Basiswert langfristig um lediglich ± 0,5 verändern, mehr nicht! Der Basiswert ist also entscheidender!

Diese Glücksgüter gelten zwar auch heute noch, aber die Sache ist komplizierter, als man denkt. Im nächsten Artikel nehmen wir uns dazu die Frage unter die Lupe: Macht Geld glücklich?

ANLEITUNG ZUM GLÜCKLICHSEIN – **MACHT GELD GLÜCKLICH?**

36

Es heißt, Geld mache glücklich. Stimmt das? Im Prinzip ja, aber ... Ein wissenschaftlich-philosophisches Vademekum. Zweiter Teil.

Die Antwort auf die Frage, ob Geld glücklich macht, lautet zunächst: Im Prinzip, ja! Die Weltkarte des Glücks jedenfalls zeigt eine positive Korrelation (0,51) zwischen den Vermögensverhältnissen ihrer Bürger und deren Glücksempfinden. Fast genauso wichtig ist jedoch Bildung (0,51), und am absolut wichtigsten für das Glück ist Gesundheit (0,62). Vieles deutet darauf hin, dass nicht das Geld selbst glücklich macht, sondern die allgemein besseren Lebensumstände, die damit einhergehen. Geld selbst macht zwar auch glücklich, aber nur kurzfristig. Ein schönes Beispiel ist ein Lottogewinn. Er hebt den Glückswert schnell auf ungeahnte Höhen. Aber so mancher kennt das: Nach typischerweise einem Jahr pendelt er wieder zurück auf den Basiswert, und man ist dann mit Lottogewinn genauso glücklich wie vor dem Gewinn. Dieser interessante Effekt ist bekannt unter dem Begriff »hedonistische Tretmühle«.

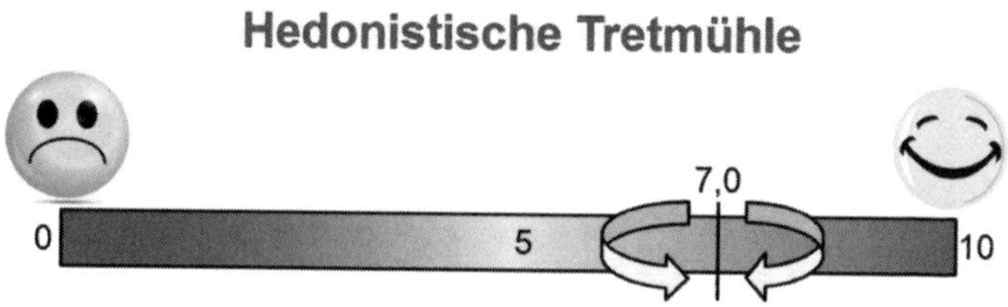

Die hedonistische Tretmühle: Nach einem Glücksfall oder Unglück driftet jeder nach spätestens einem Jahr zu seinem Glücks-Basiswert zurück. (Bild: U. Walter)

ZUFRIEDENHEITSPARADOX

Die Tretmühle dreht auch andersherum. Menschen, die schwere Schicksalsschläge erleiden, etwa den Verlust einer Gliedmaße, sind zwar zunächst sehr unglücklich, aber nach typischerweise einem Jahr liegt ihr Glücksempfinden wieder beim Basiswert. Dieses Verhalten hat das sogenannte Zufriedenheitsparadox zur Folge, das der Altersforscher Prof. Clemens Tesch-Römer einmal so beschrieb: *»Im zunehmenden Alter nehmen die Gebrechen zu, was die Lebensqualität objektiv verschlechtert. Trotzdem sind die meisten älteren Menschen zufrieden oder sehr zufrieden, und die Anzahl der Menschen, die sehr zufrieden sind, nimmt mit steigendem Alter sogar noch zu.«*

Dieser interessante psychologische Umstand hat mein Denken über Patientenverfügungen auf den Kopf gestellt. Wenn ich heute glaube, dass ein Wachkoma für mich lebensunwert wäre und ich daher in einer Verfügung die Abschaltung aller lebenserhaltenden Maßnahmen bestimme, woher soll ich wissen, dass ich morgen im Zustand des Wachkomas noch genauso darüber denke? Könnte es nicht sein, dass ich mich mit dem Zustand abfinden würde und mit diesem Zustand vielleicht glücklich genug wäre, um gern weiterzuleben?

Es gibt nur eine Ausnahme von der Gewöhnung an Schicksale: An starken dauerhaften Schmerz kann sich keiner jemals gewöhnen. Wen wundert es da, dass Leidende oft den Freitod suchen!

GELD ALLEIN MACHT NICHT GLÜCKLICH!

Es gibt da noch ein Problem mit dem Geldglück. Ein Experiment im Jahr 1997 hat dies anschaulich gezeigt. Dabei wurden die Probanden aufgefordert, sich für eine von zwei Welten zu entscheiden: »In der ersten Welt beträgt das durchschnittliche Jahreseinkommen der Gesellschaft 25.000 Euro, und Sie verdienen 50.000 Euro pro Jahr. In der zweiten Welt beträgt das Durchschnittseinkommen 200.000 Euro, und Sie verdienen 100.000 Euro im Jahr. Vorausgesetzt die Preise und Kaufkraft sind in beiden Welten gleich, für welche der beiden Welten würden Sie sich entscheiden?« Es klingt unglaublich, aber die Hälfte der Probanden entschied sich trotz eines geringeren Verdienstes für die erste Welt!

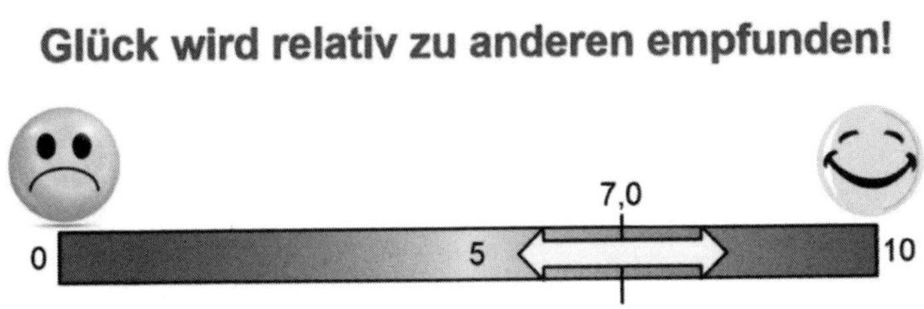

Glück ist relativ: Ich bin nur dann glücklich, wenn ich mehr habe als die anderen. (Bild: U. Walter)

So sind die Menschen: Geld allein macht nicht glücklich, es muss auch mehr sein als das der anderen. Dies erklärt das Streben der Menschen in westlichen Gesellschaften, mehr zu verdienen, ein besseres Auto zu fahren und ein schöneres Haus zu haben, als die Nachbarn.

ANLEITUNG FÜR EIN **GLÜCKLICHES LEBEN**

37

Wie wird man mit einem Partner glücklich, und wie finde ich den richtigen Beruf? Ein wissenschaftlich-philosophisches Vademekum. Dritter Teil.

ACHTE DEN PARTNER!

Gesundheit ist zwar der wichtigste Einflussfaktor auf das Glücksempfinden, aber empirische Studien haben gezeigt: Das soziale Umfeld ist ebenfalls wichtig. Hat man eine gute partnerschaftliche Beziehung? Allein zu diesem Thema gibt es Tonnen an Literatur. Hier die Essenz: Der mit Abstand wichtigste Einflussfaktor einer gelungenen langen Beziehung ist die gegenseitige Achtung. Allein die Mimik eines Paares bei einer Diskussion spricht Bände über deren gegenseitige Achtung. Das

Hochziehen eines Mundwinkels oder rollende Augen sind deutliche Zeichen von Missachtung. Missachtung ist Schwefelsäure für die Liebe!

KEINE DISKUSSIONEN!

Sie kennen solche Streitfragen: Urlaub in Kreta oder Korsika? Hilft da miteinander reden? Das Ergebnis von Paartherapien lautet: In jungen Jahren, ja. In einer gesetzten Beziehung, NEIN! Diskussionen nützen da nichts mehr, nach den vielen Jahren der Beziehung kennt jeder die Argumente des anderen. Warum sollte man sie immer wiederholen? Da hilft nur Thema wechseln! Dazu die Forschungsstelle Paartherapie der Uni München: *»Probleme in einer Ehe sind nicht dazu da, gelöst zu werden – die Konflikte wollen vielmehr andauernd gepflegt sein.«* Das Problem hat sogar eine positive Seite: *»Ungelöste Probleme können Paare zusammenhalten!«*

Die garstigen Kommentare des anderen nerven Sie mal wieder? Ignorieren Sie sie einfach. Junge Paare, die sich gegenseitig umwerben, machen es genau richtig. Sie tendieren dazu, die schlechten Kommentare des anderen einfach zu ignorieren und mehr die positiven Bemerkungen zu beachten. Einmal verheiratet kehrt sich dieser Trend leider um und führt oft zur Entzweiung. Nur Paare, die diese ignorante Verhaltensweise beibehalten, bleiben bis ins hohe Alter zusammen.

SOZIALES UMFELD UND BERUF

Hat man gute Freunde, mit denen man das Leben teilt? Helfen einem die Nachbarn? Gerade für Frauen sind dies wichtige Glücksfaktoren. Bei Männern hingegen sind berufliche Umstände wichtig. Der Glücksatlas 2015 hat gezeigt: Berufstätige Männer haben einen mittleren Glückswert von 7,1, nicht berufstätige Männer jedoch nur 6,0. Das sind gigantische Unterschiede.

Sie gelten vor allem für Männer mittleren Alters mit hohem Bildungsniveau, weil sie wegen der Berufsuntätigkeit unter dem Gefühl eines minderen Selbstwerts leiden.

WIE FINDE ICH DEN RICHTIGEN BERUF?

Umgekehrt wird eine das Leben erfüllende Arbeit als sinnstiftend empfunden. Daher hängt ein glückliches und sinnerfülltes Leben stark von einer Arbeit ab, die Spaß macht. Den richtigen Beruf im Leben zu finden, ist daher Dreh- und Angelpunkt eines langfristig glücklichen und sinnerfüllten Lebens. Eltern können für ihre Kinder kaum etwas Besseres tun, als die Talente ihrer Kinder (egal welche) herauszufinden und in einem ausgewogenen Verhältnis mit einer Allgemeinbildung zu fördern.

Wie findet man den richtigen Beruf? Ich habe da meine eigenen drei goldenen Lebensregeln, und zwar in genau dieser Reihenfolge:

1. Tue das, was dir Spaß macht.

Warum? Was gibt es Schöneres, als mit Spaß Geld zu verdienen? Außerdem, nur wenn einem etwas richtig Spaß macht, dann hat man genug Motivation, durch dick und dünn eines jeden Berufes zu gehen und sein Bestes zu geben. Und nur die Besten, die oberen 5 %, verdienen heutzutage viel Geld. Außerdem sollte man nie vergessen, was der große amerikanische Erfinder Thomas Alva Edison (1847–1931) einmal sagte: »*Genie ist 1 % Inspiration und 99 % Transpiration. Genug transpirieren tut nur derjenige, dem das sogar noch Spaß macht.*«

2. Tue das, was kein anderer kann.

Die Sache ist ganz einfach. Wenn ich einen Beruf habe, den auch jeder andere ausführen könnte, dann ist der Verdienst notwendigerweise gering. Konkurrenz verdirbt den Preis.

3. Tue das, wofür andere bereit sind, Geld zu zahlen.
Nehmen wir einen Künstler, dem seine Arbeit viel Spaß macht und der einen Malstil entwickelt hat, der einzigartig ist. Was nützt das alles, wenn der Stil keinem gefällt und seine Kunstwerke nicht gekauft werden?

Das Beste, was Sie daher als Eltern für Ihr Kind tun können, ist: Finden Sie heraus, was Ihr Kind gern tut und gut kann, und unterstützen Sie es darin! Und das ohne Rücksicht auf Ihre eigenen Vorstellungen. So wird es mit Sicherheit glücklich und im Beruf erfolgreich.

WAS IST DER **SINN DES LEBENS?**

38

Seit Jahrtausenden zerbrechen sich Philosophen über diese Frage den Kopf. So schwer es auch ist, Antworten darauf zu finden, manches ist eigentlich offensichtlich.

Irgendwann hat sich jeder einmal die Frage gestellt: Was ist der Sinn meiner Existenz? Wem immer man diese Frage stellt, entweder bekommt man jedes Mal eine andere Antwort oder erntet nur Schulterzucken. Da sollten einem die Alarmglocken schrillen. Wenn es nach Tausenden von Jahren keinen Menschen gab, der eine klare Antwort geben konnte, könnte dann vielleicht an der Frage etwas faul sein?

NACHGEHAKT

Gehen wir die Frage einmal genau durch, betreiben wir also Satzanalyse. Zunächst die Begrifflichkeiten. Hier gibt es zwei abstrakte Substantive: »Sinn« und »Leben« beziehungsweise »Existenz«. Letzteres ist relativ klar, unser Leben ist unser »Da sein«. Aber was versteht man unter dem Sinn von etwas? Ich denke, es ist passender, von der »Sinnhaftigkeit des Lebens« zu sprechen. Schaut man sich die Meinungen der Menschen dazu an, dann schälen sich drei Anschauungen heraus. Sinnhaftigkeit im Sinne von:

1. Was ist die Ursache meines Seins?
   Warum bin ich da?
2. Was ist das Ziel (griechisch »telos«) meines Seins?
   Worauf ist mein Leben ausgerichtet?
3. Was ist ein sinnvolles Leben?
   Was soll ich tun, wie soll ich mich verhalten?

GLAUBE IST SINNSTIFTEND

Die ersten beiden Fragen sind eine Domäne der Religionen. Durch Postulierung einer Gottheit und/oder einer höheren Seinsstufe (ewiges Leben, Nirwana) wird ganz offensichtlich und einfach sowohl Ursachen- als auch Ziel-Sinnhaftigkeit gestiftet. Man könnte daher annehmen, Menschen glauben an einen Gott und an höhere Daseinsstufen, um ihrem Leben einen Sinn zu verleihen. Für mich ist das der überzeugendste Grund, an einen Gott zu glauben.

EIN LEBEN OHNE GRUND UND ZIEL?

Wenn es da nicht ein Problem gäbe. Die Satzanalyse besagt, dass die Frage »Was ist der Sinn des Lebens?« implizit, also ohne es explizit auszudrücken, eine Prämisse beinhaltet. Sie lautet: Es gibt einen Sinn des Lebens. Ist diese Prämisse wahr? Falls nicht, müssten wir unsere Frage vorsichtiger formulieren: »Wenn es einen Sinn des Lebens gibt, was ist der?«

Für eine Antwort müssten wir uns also zunächst fragen, ob das Leben notwendigerweise einen Sinn haben muss. Spontan würde man wohl sagen, ja! Aber warum? Kann jegliches Leben nicht auch einfach so existieren, ohne Grund und ohne Ziel? Nur weil sich unser Selbstbewusstsein unser Nichtsein nicht vorstellen kann, ist das Grund genug zu behaupten, es müsse einen Sinn geben? Muss es ewiges Leben in Form einer Seele geben, nur weil ich mir meinen Tod nicht vorstellen kann – nicht vorstellen will? Was wäre, wenn meine Mutter nicht meinen Vater geheiratet hätte, sondern ihren Jugendfreund? Dann gäbe es mich gar nicht und ich hätte nicht diesen inneren Zwang, meine Existenz besinnhaften zu müssen.

ZUFALL UND LEBENSSINN

Nehmen wir also der Einfachheit halber an, die Existenz eines Individuums auf dieser Welt ist nur eine Sache des Zufalls. Wir hatten Glück (oder Pech?!), andere, die nie geboren wurden, nicht. Stellt sich dann noch die Sinnfrage der Existenz? Ich behaupte, ja! Denn es gibt da noch den obigen dritten Punkt der Sinnfrage: Was ist ein sinnvolles Leben? Was soll ich tun, wie soll ich mich verhalten, um mein Leben sinnvoll zu gestalten?

Diese Frage durchzieht die Philosophie des Abendlandes wie ein roter Faden, ohne eine definitive Antwort. Kann es darauf überhaupt eine allgemeingültige richtige Antwort geben? Ich denke, nein. Der deutsche Philosoph Friedrich Kambartel (geb. 1935) schrieb dazu: »*Das Leben selbst hat einen Eigenwert. Wem es also gelingt, sein Leben um seiner selbst willen zu leben, der erfährt die wahre Lebensfreude. Einen tieferen Sinn gibt es nicht!*« Aber in dieser fast nihilistischen Aussage schwingt eine interessante Überzeugung mit: Ein wichtiges Lebensziel ist Lebensfreude. Diese Überzeugung ist uralt. Bereits für die antiken Philosophen bestand der Sinn des Lebens in der Hauptsache in der Erlangung der Glückseligkeit (eudaimonía) durch eine gelungene Lebensführung.

Diese Überzeugung hat sich in den letzten Jahren auch bei mir herauskristallisiert, weshalb ich mich so viele Jahre mit den Ursachen des Glücklichseins beschäftigt habe. Meine drei vorangegangenen Artikel zur Frage »Was bedarf es, um glücklich zu sein?« sind die Essenz dieser Beschäftigung.

WAS STIFTET LEBENSSINN?

In Bezug auf die Sinnhaftigkeit des Lebens lauten die wichtigsten Ergebnisse: Lebensglück und Beruf sind sinnstiftend. Ein weiterer sinnstiftender Faktor ist, geliebt zu werden. Sinnlos empfundenes Leben ist oft die Folge einer Erziehung ohne Liebe und menschliche Bindung. Daher geht Sinnhaftigkeit des Lebens meist Hand in Hand mit einer positiven Bindung in der frühkindlichen Phase einher. Das Gefühl, geliebt zu werden, gibt einem Menschen jeden Alters das Gefühl, dass es gut ist, da zu sein. Eltern können für ihre Kinder also kaum etwas Besseres tun, als sie einfach nur zu lieben!

DER GEPFLEGTE GENUSS

Dem möchte ich zustimmen, jedoch noch einen Gedanken von Aristippos von Kryene (435 v. Chr. – 356 v. Chr.), dem Gründer der kyrenaischen Schule des Hedonismus, hinzufügen: *»Die einzige Antwort der Philosophie auf die Frage nach dem Sinn des Lebens, die sie ohne Ansehen der Person als erstrebenswert begründen kann, ist der gepflegte Genuss, wobei darauf zu achten sei, über die Lust zu* *gebieten und ihr nicht zu unterliegen.«* (Bitte beachten Sie den wichtigen Nachsatz.)

Ist Glückseligkeit durch Hedonismus der richtige Weg für ein sinnvolles Leben? In ihrem Buch *Von Lust und Freude. Gedanken zu einer hedonistischen Lebensorientierung* behaupten die Autoren Bettina Dessau und Bernulf Kanitscheider genau das. Mehr noch, Prof. Kanitscheider, ein großartiger zeitgenössischer deutscher Philosoph, behauptete in seinem mehr philosophisch orientierten Buch *Entzauberte Welt – Über den Sinn des Lebens in uns selbst,* dass es, wenn es überhaupt einen Sinn des Lebens gibt, es rein objektiv gesehen keinen anderen geben kann, als hedonistisch zu leben.

Denn das Leben ist vielleicht nicht das Fest, das wir uns erträumt haben. Aber wo wir schon mal hier sind, können wir genauso gut tanzen und es genießen.

ÜBER DEN AUTOR

Univ.-Prof. Prof. h. c. Dr. rer. nat. Dr. h. c. Ulrich Walter ist Diplom-Physiker, Wissenschafts-Astronaut und Ordinarius für Raumfahrttechnik an der Technischen Elite-Universität München.

Walter flog zusammen mit sechs anderen Astronauten im April 1993 an Bord des Shuttles Columbia für zehn Tage ins All, um im Weltraumlabor rund 90 Experimente durchzuführen, wobei die meisten aus den Sparten Biologie und Materialwissenschaften stammten.

Seit März 2003 leitet er den Lehrstuhl für Raumfahrttechnik an der Technischen Universität München und lehrt und forscht im Bereich Raumfahrttechnologie und Systemtechnik. Seine Schwerpunkte sind Echtzeit-Robotik im Weltraum, Intersatelliten-Kommunikations-Technologien und Technologien für planetare Erkundungen.

Er wurde bundesweit zum Professor des Jahres 2008 in der Kategorie Ingenieurwissenschaften und Informatik gewählt.